令人着迷的化学

【日】左卷健男/主编

陈 东/译

天地出版社 | TIANDI PRESS

图书在版编目（CIP）数据

令人着迷的化学 /（日）左卷健男主编；陈东
译.—成都：天地出版社，2022.4
（令人着迷的科学知识）
ISBN 978-7-5455-6188-3

Ⅰ.①令… Ⅱ.①左… ②陈… Ⅲ.①化学－少儿
读物 Ⅳ.①O6-49

中国版本图书馆CIP数据核字（2020）第265302号

版权登记号 图进字21-2022-65

LING REN ZHAOMI DE HUAXUE
令人着迷的化学

出 品 人	杨 政
主 编	【日】左卷健男
译 者	陈 东
责任编辑	刘俊枫
封面设计	墨创文化
电脑制作	跨 克
责任印制	刘 元

出版发行	天地出版社
	（成都市槐树街2号　邮政编码：610014）
	（北京市方庄芳群园3区3号　邮政编码：100078）
网 址	http://www.tiandiph.com
电子邮箱	tianditg@163.com
经 销	新华文轩出版传媒股份有限公司

印 刷	北京文昌阁彩色印刷有限责任公司
版 次	2022年4月第1版
印 次	2022年4月第1次印刷
开 本	880mm×1230mm　1/32
印 张	5.75
字 数	124千字
定 价	32.00元
书 号	ISBN 978-7-5455-6188-3

编撰本书的宗旨，主要是希望能够为小学科学课程提供相关资料，希望所涉及的话题可以引起孩子们的兴趣。

本书在内容上主要是以小学科学中涉及的话题为中心，同时也涉及很多中学理科中可以用到的内容。

编写这本书是有原因的。坦率地说，我想让读者们都知道——

自然科学很有趣
身边到处都存在着自然科学，或者是应用了自然科学的技术

自然科学，有很多自然的不可思议，是一个戏剧般的世界。当我们一点点地了解它，自然世界的大门就会逐渐地向我们敞开。尽管还有许许多多的未解之谜，但是人类已经通过探索弄清楚了许多。我们想为读者们展示一个已经清晰明了的自然科学的世界。

另外，在我们的生活中有很多的事物和现象。当用自然科学的眼光来看时，我们会觉得"原来如此"。如果不能以科学

的视角去看，可能很多事情和现象也就被我们错过了呢。

各种各样的产品，都是科学技术应用的产物。

我希望通过阅读这本书，首先老师们会觉得"原来如此""有道理"。如果老师们阅读后都没有感悟的话，那么孩子们也不会有所感悟吧。

我想，无论是从事小学科学教学的老师们，还是那些为孩子答疑解惑的父母，为了让孩子了解科学的奥秘和趣味并爱上科学，引导孩子阅读本书都是不错的选择。

本书中涉及了超过小学科学水平的扩展知识。

当遇到那些不理解的知识时孩子们肯定会产生相应的疑问，而这些疑问和其后的思考，恰好会和日后的理科知识的学习息息相关。

如果本书能使更多的人觉得科学课程变得有趣或者觉得自然科学有趣的话，我们会十分欣喜。

本书的编写者们，同时也是一起策划并发行月刊 *Rika Tan* 的伙伴们。*Rika Tan* 是以爱好科学的成年人为读者对象的杂志，欢迎大家阅读。

最后，我要感谢东京书籍出版社编辑部的角田晶子女士。她承担了全书的编辑工作，并不断地激励着写作缓慢的我们，指导我们最终完成了本书。在此致谢！

左卷健男

目录

人的体重在一天之中会有怎样的变化？

吃了1 kg的便当后体重会怎样变化呢？

假设吃了1 kg的便当，那么吃之后和吃之前相比较，体重会增加多少呢？

"食物只是进到了肚子里而已，应该不会使体重本身增加。"估计有些人会这样认为吧。

也有些人会认为："食物进入肚子以后就会被消化掉，体重虽然不至于增加1 kg，但是增加几百克还是会的。"

可能还有些人会认为："不管食物是被消化，还是被吸收，都会计入体重之中，所以会刚好增加1 kg。"

让我们来实际操作一下吧！我们只吃1 kg的饭菜或者喝1 kg的果汁来试试看。

一天之中的体重变化

意大利著名的医生桑托里奥·桑托里奥（1561—1636）发明了一种巨大的秤。如图1所示，他坐在这杆大秤的托盘上，椅子前面放了一张餐桌，然后，他分别测量了吃饭之后的体重和大便、小便之后的体重。

图1　坐在巨大的秤上进行实验

他发现，吃进多少东西，就会增加多少体重。如果已经大便和小便了的话，减去相应的质量（译者注：生活中人们常常称之为重量），就等于体重。

桑托里奥还发现，一天之中，和吃进去的东西的质量相比，通过大便、小便从体内排出去的质量会小一些。那么，进入肚子里的食物和饮料的质量，减去排出的大便和小便的质量，应该就是体重的增加量了。但是实际上，他发现一天过去之后，体重几乎还是原来的样子，没怎么变化。那么吃进去的东西和排出去的东西的质量差，跑到哪里去了呢？

桑托里奥是这样思考的："或许，进入肚子里的食物和饮料的一部分，是以人们不清楚的某种形式从体内排泄出去了。所以，那部分质量正好就是没有增加到体重上的那个差值。"可是，以人们不清楚的某种形式从身体中排出去的东西，到底是什么呢？

那就是从皮肤表面和人们口中蒸发掉的水分。就算一天之中一动也不动，也大约有900 mL的水分会从我们的皮肤表面逃出来，跑到大气中。如果按照质量来计算的话，大概也有900 g的样子。

因此，除了吃了食物之后或大便和小便之后，体重会产生增减变化，在其他时间里，体重都处于缓慢的减轻状态中呢。

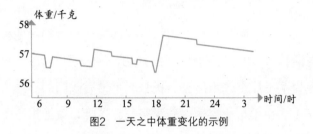

图2　一天之中体重变化的示例

（左卷健男）

测量一下空气的质量

　　意大利科学家伽利略·伽利雷在1638年出版的《两种新科学的对话》一书中，表明他已经测量出了空气的质量。

　　他为了不让空气跑出去，找来一个带有阀门的容器（皮制的袋子），用手泵给容器内充满空气。这样，就把相当于容器本身容积（容量）几倍的空气都压缩到里面了。然后，称一下装满空气的容器的质量。称完以后就将阀门打开，把空气放出去一部分。之后，再称一下容器的质量。前后质量减少的部分，就是放出去的空气的质量了。

　　我们使用空的喷雾器作为容器来做这个实验，也可以得到同样的结果。如图1所示，将自行车打气筒的金属充气口直接插到空的喷雾器喷头上，上下抽拉打气筒的把手，往里面充气，空气就会一点一点地进入喷雾器里了。然后，测量一下喷雾器的质量。准备一个桶或盆，里面装上水，将一个容积为1 L的塑料瓶装满水倒置在桶或盆中，通过塑料管使喷雾器向塑料瓶中喷入1 L空气（塑料瓶中的水刚好被排出时，瓶中即盛有1 L空气）。再测量一下喷雾器的质量，计算两次所测喷雾器质量的差就可以知道1 L空气的质量了。1 L空气的质量，大约是1.2 g。

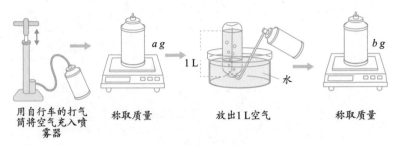

图1　测量1 L空气的质量

教室里的空气大概有多少千克呢？

1 L空气的质量大约是1.2 g，1枚1日元的硬币正好是1 g，大家是不是觉得空气真的好轻啊？

但是，大家应该都听说过"聚沙成塔"这个成语吧。如果很多轻轻的空气聚集在一起的话，也会变得相当重呢。

对于日本学校的教室而言，它的长和宽约为8 m，高大约是3 m。

整间教室里，空气的质量有多大呢？

教室的容积为：$8 \times 8 \times 3 = 192$（m³）。

长、宽、高分别是1 m的立方体的体积是1 m³，1 m³等于1000 L，因此192 m³就等于192000 L。

因为1 L空气的质量约是1.2 g，所以我们可以大致计算出教室中空气的质量：

$$192 \times 1000 \times 1.2 = 230400（g）\approx 230（kg）$$

所以，对于一间教室来说，里面的空气质量不管怎么说也在200 kg以上了。

（左卷健男）

生鸡蛋会在砂糖水中浮起来吗？

生鸡蛋会在水中浮起来吗？

准备一个无色透明的大塑料杯，接半杯自来水，往里面小心地放入一个生鸡蛋，千万不要打碎了。生鸡蛋会在水中出现怎样的情况呢？生鸡蛋会在水中浮起来，还是沉下去呢？让我们一起来试试看吧。结果是，生鸡蛋会平躺着沉在杯底。

为什么物体会在水中浮浮沉沉？

在我们身边有各种各样的东西，有的可以在水中浮起来，有的会沉到水底。那么，能够在水中浮起来的东西和沉下去的东西，它们到底有什么区别呢？

让我们准备一个土豆，把它放入水中来试试看吧。土豆会沉入水中呢。接下来，让我们把土豆切成很小的块，再放入水中来观察。它会发生怎样的变化呢？可能很多人会认为土豆变小了，变轻了，应该会浮到水面上吧。可是呀，最终的结果还是土豆沉到水底了。

那么，到底是什么决定了物体是浮起来，还是沉下去呢？其实啊，是不能简单地只看物体质量前后的变化的，要和相同体积的水比较质量才行呢。当物体与水具有相同体积的时候，如果物体的质量比水的质量大，物体就会沉下去，如果其质量比水的质量小，就会浮起来。

生鸡蛋会在砂糖水中浮起来吗?

如果向装有生鸡蛋的水中加入一定量的食盐，原本沉在水底的鸡蛋就会浮起来。那么，如果放入的不是食盐而是砂糖的话，沉下去的鸡蛋还会浮起来吗? 让我们一起来实验一下吧。

仍然是准备好一个装有半杯水的无色透明塑料杯，往水中放入一个生鸡蛋。然后，向水里一点一点地撒入砂糖，用筷子轻轻地搅拌。注意，不要将鸡蛋弄碎了。如果觉得这样不容易搅拌均匀的话，也可以拿一个漏勺先把生鸡蛋捞出来，这样就可以尽情地搅拌了，搅拌好了再把生鸡蛋放进去。随着水中溶解的砂糖越来越多，我们可以看到放入水中的生鸡蛋渐渐地向上升，最后在砂糖水中浮起来了。所以，生鸡蛋不仅在溶解有一定量食盐的水中可以浮起来，在溶解有一定量砂糖的水中也可以浮起来呢。

不管是在食盐水中，还是在砂糖水中，生鸡蛋浮在上面的部分都是圆圆的那一

图1　生鸡蛋圆头朝上浮起来

头，而尖尖的那一头是朝下的。圆圆的那一头朝上浮起来，是因为鸡蛋的圆头里面有个叫作气室的地方，可以存储卵发育所需要的空气。

生鸡蛋为什么会在一定浓度的砂糖水中浮起来呢？

水中溶解有砂糖，就变成了砂糖水。将砂糖水与之前单纯的水做对比的话，相同体积的砂糖水的质量会更大。100 mL水的质量大约是100 g，而溶解有砂糖的砂糖水，同样是100 mL，质量却是不同的。增加的质量，正好是溶解了的砂糖的质量。在同样的100 mL水中，溶解的砂糖越多，砂糖水的质量就越大。当砂糖水的体积和生鸡蛋的体积相等的时候，如果砂糖水的质量较大的话，生鸡蛋就会在砂糖水中浮起来。当生鸡蛋在溶有食盐或者砂糖的水中刚好能浮起来的时候，我们取100 mL的食盐水或者砂糖水来称一下质量就会发现，能够让生鸡蛋浮起来的食盐水或者砂糖水，其100 mL的质量至少要110 g那么大才行呢。

（铃木腾浩）

物体的传热方式

冬天，大家进入冰冷的房间以后，首先要做的是什么？如果有电热毯的话，我们一定会先把插头插上，将电热毯打开，然后坐在上面暖和暖和吧。有电热炉的话，就会将手放到电热炉附近烤一下。应该不会有人把手放到电热毯附近烤一下，也不会有人坐到电热炉上取暖，对吧？同样是取暖，为什么会有这样的差别呢？现在，我们就一起来思考一下物体的传热方式吧。

想要变热先得有热

温度的高低是由物体所拥有的热量来决定的。让我们把水壶放到炉子上烧水，以此为例来观察下吧。把水壶放到炉子上，热量从温度高的炉子不断地转移到水壶，水壶拥有的热量变得越来越多，水壶的温度也就升高了。

传热速度和热量

下面，让我们仔细观察一下水壶每个部位的温度吧。金属的部位会非常烫，根本不能用手去触摸。因为可能会被烫伤，所以大家实际观察的时候千万不要用手去摸哟。再继续观察，发现水壶的把手就不会那么烫。同样是被加热，为什么水壶的把手却不会那么烫呢?

那是因为,把手的部位和金属的部位,它们传热的速度是不一样的。金属的传热速度快,只需要一点热量,温度就可以马上升高,而用塑料等材质做的把手,传热就没那么容易了,如果没有足够的热量的话,温度就不会升高。

热传递使物体变热

水壶里的热水是怎样变热的呢?炉子里的火放出的热会传递到水壶的金属部位,然后通过金属部位再传递给水壶里的水,通过物体依次地进行传递。像这样,热直接传递出去的现象,叫作传热(热传递)。坐在开着的电热毯上,会感觉很温暖吧?那正是因为,热从电热毯直接传递到了身体啊。

不直接碰触热源也会感到热吗?

我们不直接触碰炉子也能感受到温暖,对吧?这又是为什么呢?原因有两个。

一个原因是空气也是可以传热的。从炉子发出来的热,首先会传递给炉子附近的空气,附近的空气受热以后会变轻,就会向上升起。这样的话,上面的冷空气就会下沉,空气就开始流动起来了。这样的流动,我们叫作对流。

水壶里的水也在发生同样的事情。从炉火到水壶再到水,热按照这样的顺序来传递。水壶底部的水,温度先升高,温度升高后的水会变轻，从而向上移动。对应的，上面的水就会向下移动，并在火焰的加热下热起来，然后继续这样循环下去，不一会儿整壶水就开了。

另外一个原因是炉子里会释放出可以传热的红外线。红外线是可以向有一定距离的物体传递热量的。这种传递方式叫作辐射。

如果红外线不能直接照到手上，那么手就不会变热。我们把手放到炉子附近，试着在手和炉子之间放一本书来遮挡红外线，这样，手应该就感觉不到热了。

在没有空气的宇宙空间中，地球之所以能保持一定的温度，原因之一就是地球有阳光带来的辐射。

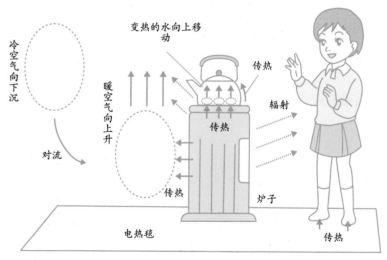

图1 热的传递

（加藤一义）

热气球为什么能够升起来？

人类第一次飞上天空所乘坐的工具就是热气球。

相传18世纪后叶，法国的孟格菲兄弟受到烟雾向上升起的启发，想到是不是可以准备一个巨大的袋子将烟雾收集进去，然后利用它带着人一起飞起来，于是就发明了热气球。那是比莱特兄弟发明飞机还要早约120年的事情呢。那么，热气球为什么能够飞到天空中呢？

氦（hài）气球为什么能够升起来？

在我们思考热气球之前，还是先来思考一下我们身边更常见的气球吧。在一些活动的现场，工作人员常常会派发充有氦气的银色气球，大家应该见过吧？把氦气球扎起来的时候，如果不给它系上一根绳的话，气球就会飞走，越飞越高；而另外一种通过人吹气而膨胀的乳胶气球，不但不会升起来，反而会向下落。其实，气球是升起来还是降下去，取决于气球里面所装的气体。所装气体的质量比等体积空气的质量大，气球就会下降，反之就会上升。

氦气球里面充的氦气，是一种比空气轻的气体，而吹气的气球里面，有很多比空气重的二氧化碳。因此，氦气球就会向上飘，吹气的气球就会向下落。

热气球的结构是什么样的?

为了解开热气球上升之谜，让我们一起来研究一下热气球的结构吧。首先映入我们眼帘的，是一个高度在15 m以上的能往里面装空气的巨大气囊（náng），这个气囊又叫球囊。在球囊的下面是装有人、燃料等的吊篮，还有可以给球囊加热的大型燃烧器。

图1　热气球的结构

热气球升空之前，燃烧器中的气体燃料被点燃，将球囊里面的空气加热到70~100 ℃。这样，球囊部分就会渐渐膨胀，整个热气球开始向上升。似乎，在加热的过程中也藏着一些小秘密呢。

空气加热之后会怎么样?

空气加热之后会发生什么变化呢?

A. 空气会向上升

B. 空气会膨胀

准备一个装满空气的试管，用由肥皂水制成的一层薄膜（一层肥皂泡）把试管口封好。然后，试着将试管平放在酒精灯上进行加热。

之后，我们可以看到肥皂泡鼓起来了。空气并没有向上升，而是通过膨胀把肥皂泡向外推出去。

图2　把空气加热的话……

如果空气膨胀的话……

空气的膨胀和气球的上升有着紧密的联系。

在一根大头针的尖端安装上用纸做的螺旋桨，把手放到它们的下方，试着用手来给它们加热。你会发现，螺旋桨开始转动了。原来是手的体温将空气加热了，然后，受热的空气上升，使螺旋桨转动了起来。

取相同体积的热空气和冷空气进行比较，你就会发现它们的质量是不同的。这是因为，加热后的空气会膨胀，比起没有加热之前体积会更大一些。也就是说，取相同体积的热空气和冷空气来比较，热空气会轻一些。

热气球，正是通过加热使球囊中的空气膨胀的。它里面的空气变得比周围的气体轻，于是，它就可以飘浮在广阔的天空中了。

（加藤一义）

冷风向上吹，暖风向下吹

茶田里的大风扇

我们经常可以看到巨大的风扇立在茶田里的景象。这种风扇的立柱，好像电线杆一样。不仅是在茶田里，在种桃子或苹果的果园里，也可以看到这样的景象呢。空调出风口、茶田里的风扇，这些事物之间到底有着什么样的联系呢？

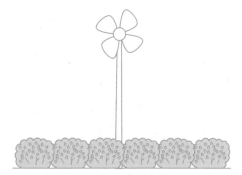

图1　茶田里的大风扇

夏季和冬季空调出风口的朝向不同

能够使酷暑或严冬好过一点儿的机器有许多，其中一种就是空调。可是你们知道空调出风口的朝向在夏季和冬季是不同的吗？

夏季的时候，应调节空调的出风口，让冷风尽量朝正前方吹出，也就是尽量水平地吹出去。到了冬季，调成暖风的时候，应让暖风朝着下方吹出，就好像对着床上吹一样。暖风为什么不能像冷风一样，朝正前方吹出呢？

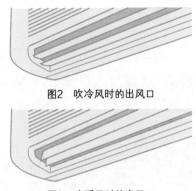

图2　吹冷风时的出风口

图3　吹暖风时的出风口

随着温度变化，空气的质量也会发生改变

往装有水的杯子里放一块干冰，只见杯子里会咕嘟咕嘟地冒起白雾。空气中的水蒸气冷却以后，看上去就是白色的。仔细观察这些白雾，可以发现它们正贴着桌面缓缓地移动。这是因为冷却了的空气会变重，会在下方聚集。

图4　冷空气向下沉

空气很难混合

冷却后的空气比周围的空气重，因此会向下流动；受热后的空气比周围的空气轻，因此会向上流动。这样下去的话，上方和下方就会形成温差，就没有那么舒适了。

所以呢，在开冷风的时候，要让冷风朝着正前方吹，也就是和天花板平行着吹出。这样，冷风就可以在全屋扩散开来，房间就会变得凉快了。相反，开暖风的时候，要让暖风朝着床的方向吹出。这样，热空气就可以从下方不断地向上升直至充满屋子，屋子也就慢慢地暖和起来了。

茶田里的风扇到底起什么作用呢？

当春天刚刚到来的时候，虽然白天会比较暖和，但是到了晚上，还是会很冷，有时候甚至还会出现霜冻。梨子、桃子、苹果等果树，一旦被霜打过的话，叶子就会枯萎。在与地面有一定距离的地方，存在着"逆温层"，那里聚集着很多暖空气。因此，风扇转动能够将暖空气吹到地面上，这就避免了霜害，起到了保护农作物的作用。

（横须贺　笃）

为什么铁轨的接缝处要留有间隙？

铁轨和车轮的绝妙组合

在铁轨上行进的货运列车，满载重物，看起来沉甸甸的。只需要一台强有力的机车，偶尔是两台，就可以将很多节车厢牵引起来。铁轨和车轮组合在一起，对于移动重物来说，真是一种绝妙的方式呢。在本文中，我就给大家介绍一下关于铁轨的秘密吧。

乘坐火车时听到的哐当哐当声

在乘坐火车的时候，我们会听到有规律的哐当哐当的响声。这种响声是怎么产生的呢？如果我们仔细观察铁轨，就可以发现它是一段一段的，每隔一定的距离就会有一处断开。我们听到的有规律的响声，就是车轮

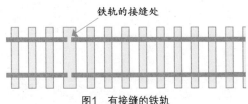

铁轨的接缝处

图1 有接缝的铁轨

经过铁轨间的接缝处所发出来的声音。

为什么铁轨的接缝处会留有间隙呢?

铁轨是用铁制成的。一根标准的铁轨长度是25 m，这和学校里标准的游泳池的长度是相等的。金属具有受热以后膨胀、受冷以后收缩的性质。比如，当温度升高到40 ℃的时候，25 m的铁轨可以伸长11 mm。铁轨伸长以后会造成什么呢？在夏天的炎炎烈日之下，没有足够接缝的铁轨会翘起来，那样的话，行进的火车就会脱轨。所以，留有间隙的设计，就是为了不让线路上的火车脱轨而构思成的。

城市铁轨和新干线铁轨

城市铁轨线路，是有很多列车通过的。因为火车车轮要经过铁轨间的接缝处，所以车轮表面常常会变得凹凸不平。为了解决这个问题，人们研发制造了一种被称作"长轨"的轨道。这种轨道是将分段的铁轨熔接在一起而制成的，这样，一整根铁轨就不存在缝隙了。但是，即便是长轨，也不可避免因受热

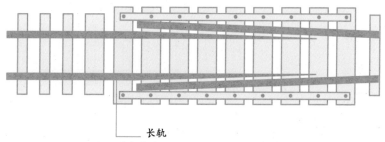

长轨

图2　城市铁轨和新干线铁轨上可见的伸缩缝

而伸长。于是，就有了像图2中那样的设计——将铁轨打磨之后，交错排列，这样铁轨伸长的问题就被解决了。这种连接方式，叫作伸缩缝。新干线采用的是长1200 m的长轨，在它两端的200 mm处设置伸缩缝。

运载量较少的地区的铁轨

在几乎没有什么火车运行的地区，为了让铁轨的伸长部分不产生影响，铁轨与铁轨之间会留有10 mm左右的间隙。因为要让信号机的电流在铁轨内部通过，所以会将导线在接缝处连接在一起。

隧道中的铁轨

在这里，要问大家一个问题了：在长长的隧道中，铁轨的铺设采用的是哪一种方式呢？虽然不是全部，但绝大多数的隧道中使用的都是熔接在一起的长轨。这是因为，隧道里常年气温都不怎么变化。大家下次再乘坐火车的时候，可以用耳朵好好地听一下车轮发出的声音，应该可以判断出使用的是哪种铁轨吧。

（横须贺　笃）

为什么浴缸里的洗澡水上面比下面热？

将手伸进浴缸里

将手伸进浴缸里摸一下，上面的洗澡水明明是热的，可是把脚踩进浴缸里，却会觉得下面的水还是凉的。过去，人们洗澡的时候经常会发现这样的情况。为什么上面的洗澡水热，下面的洗澡水凉呢？让我们一起来找一找原因吧。

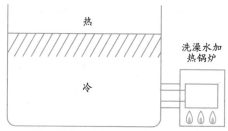

图1 非水泵式冷热水混合浴缸的结构

用试管来观察水的传热方式

1．加热试管上部

将水加入试管内，加到管口稍稍往下一点的位置，用手指牢牢抓住试管底部（译者注：为防止烫伤，请务必使用试管夹），将试管的上部放到酒精灯或者煤气灯上用小火进行加热。试管中会发生怎样的变化呢？火焰加热的地方产生了小气泡，出现了水蒸气，而用手指抓住的地方，什么变化也没有。（再继续实验的话，水就会沸腾，热水就会飞溅出来，因此，加热水的实验就到这里结束了。）

图2　加热试管的上部

试管的底部和中部也变热了吗？用手摸一摸试管的底部和中部，发现还是凉的。在加热试管上部的实验中，只有试管上部的水是热的，下面的水不会变热。

2．加热试管下部

和上面的实验一样，先将水加入试管，加到管口稍稍往下一点的位置。这次用手指抓紧试管口，将试管底部用小火进行加热，又会产生什么样的变化呢？不一会儿，手指抓住的地方就开始变得热起来了。（当温度差不多达到洗澡水温度的时候，就停止加热。）

让我们再来观察一下试管底部和中部的变化吧。这次，试管底部和中部都变热了呢。对试管的下部进行加热的话，被加热了的水就会向上升，上面的冷水就会向下移动，等到水咕噜咕噜地转动起来，整支试管就都热起来了。

图3　加热试管的下部

洗澡水上面比下面热的原因

开始加热洗澡水时，热一点的水会跑到上面，冷一点的水会跑到下面。因为浴缸里有很多水，所以水的流动性就会变差，上面经常聚集着很多热水。下次在进入浴缸洗澡之前，一定要先好好地搅动一下里面的水，让洗澡水的温度均匀一些才行。

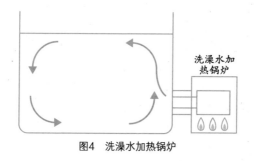

图4　洗澡水加热锅炉

（横须贺　笃）

怎样打开果酱瓶的盖子？

让凹陷的乒乓球鼓起来的方法

乒乓球是用非常薄的材料制作而成的，因此受到强力作用之后，其表面就很容易凹陷。怎样使凹陷的球面恢复原状呢？

空气受热以后，其体积会膨胀。可以试着给气球注入空气，然后将其放到温水上面，你就会发现气球膨胀起来了。（如果用热水进行实验，气球炸裂的话会将热水溅起，可能导致烫伤，所以请使用温水进行实验。）

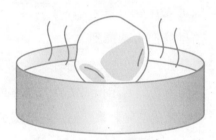

图1　让凹陷的乒乓球鼓起来的方法

乒乓球也是一样的，我们利用球内空气的膨胀就可以修复球面了。将乒乓球放入陶瓷器皿中，注入热水。之后，球体材料开始变得柔软，球内部的空气会膨胀起来，这样，乒乓球就恢复到原来的形状了。

迅速膨胀起来的大球

滚大球，是运动会上常见的一种比赛项目。比赛中使用的球，直径有接近1 m那么大。为了可以充入更多的空气，通常要用到一种叫作充气泵的工具来帮忙。可是即便是借助充气泵，仍然会耗费许多时间。怎么解决这个问题呢？我们可以在一个晴天的早晨把大球推到

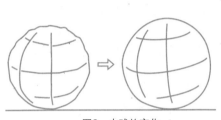

图2　大球的变化

户外去，当正午来临的时候，大球就会砰砰地膨胀起来了。正是因为太阳的光和热使得大球里面的空气被加热了，所以大球才能迅速膨胀起来。通过这一例子，我们可以切身感受到空气受热后会膨胀。

想要打开果酱瓶盖子的话……

当我们想要打开果酱瓶盖子的时候，由于瓶盖扣得很紧，经常会出现打不开的情况。要是你的话，打算怎么办呢？

装果酱的瓶子一般是用玻璃做成的。它的盖子一接近磁铁常常会被吸附过去，所以盖子一般是用铁做成的。对于铁来说，受热之后它会伸展，遇冷之后它又会收缩。

工厂里，工人们通常是通过给容器加热来熬制果酱的。当水果变成果酱后，为了使它不易腐败，工人们会趁着果酱还热的时候就将它装入玻璃瓶内。变热了的瓶盖会胀起来很多，盖上盖子的时候会压得很紧。冷却以后，盖子收缩，就会盖得更

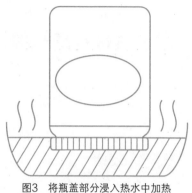

图3　将瓶盖部分浸入热水中加热

紧了。所以，想要打开瓶盖的话，就要把瓶盖部分浸入热水中加热一会儿。之后，铁质瓶盖就会再次膨胀起来。当盖子胀起来以后，它就不会盖得那么紧了，我们就可以轻松打开。

※玻璃瓶接触热水后，会有炸裂的可能。所以操作的时候要把瓶子倒过来，只让盖子浸入热水中。

（横须贺　笃）

双金属材料是一种什么样的金属材料?

防止高温的设计

你们的家里是不是也有电热炉和电热毯呢?

在电热炉和电热毯里面,一般有两种特殊的设计。如果电器的温度升得过高,就很可能引发火灾事

图1　电热炉和电热毯

故。这些特殊的设计呀,就是用来防止火灾发生的。

避免引起火灾的安全装置(一)

如果我们一直把电热炉开着,放在那里不管的话,它的温度就会越来越高。而实际上,当温度升高到一定程度的时候,炉子自己就会断电。开关断开以后,炉子的温度就会慢慢地降下来。温度降到一定程度时,它又会自行启动重新通电。

像这样,电热炉的开关一会儿断开,一会儿又闭合,就可以让周围的温度保持在一个合适的范围内。那么,是什么像变魔术似的让电器里面发生了这样的转变呢?发挥巨大作用的正

是双金属材料。

双金属材料开关的结构

就是这种材料，它可以根据温度的变化来调整电路，一会儿让它断开，一会儿又让它连通。

双金属材料是由两种不同的金属组合而成的。随着温度的变化，这两种金属各自伸展的长度是不同的。当温度升高的时候，其中一种金属就会使劲儿地伸展，而另外一种金属几乎不会伸展。大家可以看一下，就是图2中显示的那样，一种金属会变长，然后整体变弯曲。

正是因为双金属材料有着这种特殊的性质，所以人们用它制作了开关。

我们可以再看一下图3中的例子。图3中左侧部分显示的是双金属材料温度低时的情况，我们可以看到此时电路是连通

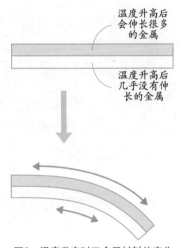

温度升高后会伸长很多的金属

温度升高后几乎没有伸长的金属

图2　温度升高时双金属材料的变化

的，电流也是通畅的；右侧部分反映了双金属材料温度升高以后的情况，我们可以发现这时双金属材料变弯曲了，电路也相应断开了。等双金属材料的温度慢慢降低，它又会恢复到左侧的状态，电路重新连通。所以大家知道了吧，电热炉和电热毯

的开关就是这样子一会儿断开，一会儿又闭合的。

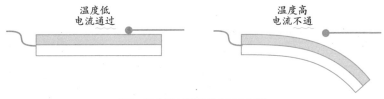

图3　双金属材料开关的工作原理

避免引起火灾的安全装置（二）

　　我们知道，电器有时候会发生故障，双金属材料开关也是一样的，有时候不知道是什么地方出了问题就坏掉了。那么，开关失灵的故障电器，它的温度会不会一直升高呢？

　　告诉你们啊，实际上电热炉之类的电器里面还有另外一个安全装置呢，那就是"温度保险丝"了。当保险丝遇到过高的温度时，它就会自动熔断，从而将电路断开，这样也就可以防止电器的温度过高了。

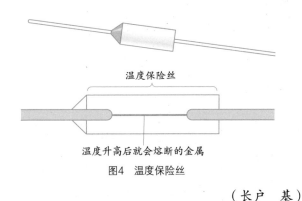

图4　温度保险丝

（长户　基）

温度计的制作方法

有时会长高，有时会变矮

高高的个子，戴着一根红红的领带，感觉到热就会长高，感觉到冷就会变矮。你们猜猜，这是什么东西？是的，它就是温度计。

温度计，一般都有一根细长的玻璃管，玻璃管里面装着红色的液体。在细长的玻璃管的下端有一个像玻璃球一样的地方，这里就是贮存所有红色液体的储藏室。要是把温度计放到热水中，那么"玻璃球"里的红色液体就会往上升；要是把它放到冰水里，红色的液体就会向下降。等到红色液体的上端不动时，读出红色液体上端所停位置对应的刻度，就可以知道所测的温度是多少了。温度计里面的红色液体，为什么会有的时候升上去，有的时候又降下来呢？

温度计的结构

其实啊，红色液体的真实身份是煤油。煤油本身是无色透明的，为了让它更容易被看出来，人们就给它上了颜色。温度计，除了有装红色液体的，还有装银色液体的。这种银色的液体呢，就是水银。

你们知道吗？我们身边的绝大多数东西，不管它是固体、液体，还是气体，其体积基本上都会随着温度的升高而增大，随着温度的降低而减小。例如在夏天的沙滩上，经过太阳的暴晒，是不是经常可以看到一些沙滩球膨胀之后就爆裂了呢？气体体积的变化，真的好明显啊！不过，液体和固体的体积变化就感觉是微乎其微的了。因此，在平时的生活中，我们也几乎不会察觉到液体或固体的体积变化。

但是，如果我们把液体放到像温度计一样细的玻璃管里并给它加热，液体就会在玻璃管里面膨胀，向上移动，也就是我们看到的温度在上升。液体受热之后体积会变大，受冷之后体积会变小，温度计正是利用这一原理被发明出来的。

温度计的刻度是怎样定下来的呢？

你们知道冰在多少摄氏度（符号为℃）会融化成水吗？一般情况下，温度达到0℃，冰就会开始融化，此过程中温度会维持在0℃不变，直到冰全部融化后，温度才会继续上升。同样的，把水冷却到0℃，水就会开始结冰了，此过程中温度也会保持在0℃不变，直到水全部结成冰后，温度才会继续下降。还有啊，将水加热到100℃，水就会沸腾，如果继续加热下去的话，水的温度仍旧保持在100℃。不管是0℃，还是100℃，为什么水就可以这样——在正好的温度结冰，在正好的温度沸腾呢？那是因为，大家现在正在使用的摄氏度这个单位，就是以水为基准决定下来的。

让我们来一起看一下，假设有一支还没有标注刻度的温度计，我们把这支温度计放到冰水里，在红色液体上端停止的地方做一个记号。接下来，我们再把这支温度计放到已经沸腾的水中，也在红色液体上端停止的地方做一个记号。这样一来，我们就做了两个记号。下面，我们把这两个记号之间的距离等分成100份，然后把这100份之间的间隔都均等地标记出来，那么温度计的刻度就产生了。

温度的单位符号℃可以读作"摄氏度"，这是瑞典人安德斯·摄尔西乌斯在1742年给温度计标记刻度的研究中确立下来的。但是，摄尔西乌斯确定的温度标记和现在的温度标记正好

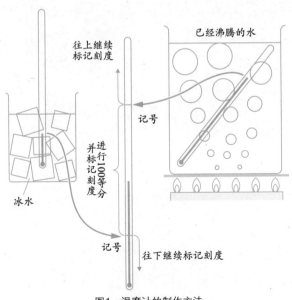

图1　温度计的制作方法

是相反的。他把水结冰的温度标成了100 ℃，把水沸腾的温度标成了0 ℃，上下之间就是他画的那些刻度。后来，经过修正才改成了今天这样的温度标记方法呢。如果按照之前的设计，温度一升高，显示的数字就变小，温度一降低，显示的数字反而增大，那可真是太奇怪了！

（相马惠子）

温度最低能达到多少？

最低气温

在日本，越往北走的话，就会越冷。日本境内有记载的最低气温，是1902年1月25日这一天，在北海道的旭川，达到了-41.0 ℃。1983年7月21日，南极的科学考察站东方站，首次观测到了-89.5 ℃的低温。这是人类观测史上观测到的自然产生的最低温度了。

那么，在我们的日常生活中，可以人为地将温度降低吗？让我们来看一些例子吧。夏天的时候，人们一般把空调冷气的温度设置在27 ℃左右，如果想把温度再往下调一些的话，那么把温度设置成20 ℃也是可以的。如果想比20 ℃还要低得多的话，那就要用到冰箱的冷冻和冷藏功能了。冷藏一般是3 ℃左右，冷冻最低可以调到将近-20 ℃呢。将水冷却到0 ℃，水就会结冰，所以在冷冻室里水一定会结冰的。

我曾经在纽约的曼哈顿体验过0 ℃以下的气温。那个时候，我感觉呼吸都很困难，耳朵露出来的话，就好像要被刀子割掉一样。那完全是一种伴随着疼痛的寒冷呢！

可以人为地将温度降到多少摄氏度呢?

话说回来,人为地降低温度,最低可以达到多少摄氏度呢? 蛋糕店里,为了让蛋糕保持低温而使用的干冰,可以达到-78.5 ℃。如果用大量的干冰将一个物体围起来的话,这个物体的温度也可以降到-78.5 ℃呢。

空气中最主要的成分是氮气和氧气。氮气和氧气分别在-196 ℃和-183 ℃时可以变成液体。如果使用液氮的话,物体的温度也就可以降到-196 ℃了。在很多研究中,研究者们一直努力尝试着想要将各种气体变成液体,最后发现氦气在-268 ℃左右可以变成液体。和其他物质的液态相比,液氦的温度是最低的了,因此液氦被广泛地使用在各种各样的低温实验中。

低温的极限

那么,低温有没有极限呢? 温度可以无止境地一直降低下去吗?

告诉大家啊,实际上,没有比-273.15 ℃还要低的温度了。可能大家对此理解起来会比较困难。温度,其实是由原子和分子活动的剧烈程度来决定的。虽然我们用肉眼看不到原子和分子,但是温度足够高的话,原子和分子的活动就会非常剧烈地表现出来。同样的,如果温度低的话,原子和分子就会以很慢的速度来活动。这也就意味着,当达到最低温度的时候,原子和分子几乎完全停止运动,速度为零。而这个时候的温度,恰好就是刚才我们说到的−273.15 ℃了。

在日本，人们通常把标准大气压下水结冰时的温度定为0 ℃，把水沸腾时的温度定为100 ℃，即采用的是摄氏温度，它的单位也就是我们经常说到的"摄氏度"。

还有一种表示温度的方法，叫作热力学温度，又称绝对温度。它把原子和分子的活动速度为零时的温度作为计算起点（绝对零度）。单位是开尔文，符号为K。像我们刚才讲过的那样，原子和分子的活动速度为零时热力学温度为0 K，换算成摄氏温度的话就是−273.15 ℃，即两种表示方法在数值上存在如下关系：T（热力学温度）=t（摄氏温度）+273.15。所以，将27 ℃换算成热力学温度，就大约是300 K了。在物理学等领域的学习和研究中，人们会经常使用到这种热力学温度呢。

（常见俊直）

温度最高能达到多少？

日本的最高气温和世界上的最高气温

在日本，目前观测到的最高气温，出现在2007年8月16日的岐阜县多治市和埼玉县熊谷市，均达到了40.9 ℃。相比于我们人的平均体温36 ℃，这个温度已经高出很多了。

顺便说一下，人类观测史上的最高气温是58.8 ℃，它出现在1921年7月8日的伊拉克巴士拉。

固体物质的熔点

如果固体物质的温度不断上升，那么达到相应程度时，它们都会开始熔化。罐装的饮料大家都见过吧？那些罐子是用铝做的。铝的熔点是660 ℃，也就是说，把铝加热到660 ℃时，它就会熔化成液体了。铁呢，它是在1535 ℃时熔化的。还有那些非常耀眼的人造钻石，其主要成分是立方氧化锆，要加热到大约2700 ℃时，它们才会熔化。生产上，为了调整氧化锆制品的形状，人们不得不将它们加热熔化。可是，2700 ℃比铁的熔点1535 ℃还要高很多，如果用铁制容器来装氧化锆的话，还没等到里面的氧化锆熔化，外面的铁就先熔化了。所以，现在基本都是先在容器的内壁上涂一层耐高温的氧化锆，之后通过不断地给它加水降温来解决这个难题。

话说回来，目前人类通过仪器所能实现的最高温度，是核聚变反应堆的温度，例如日本的JT-60托卡马克装置能达到5.2亿℃。

地球的温度

能够从地表喷涌出热水的是什么？是温泉。你们都泡过温泉吗？温泉，是地下水经自然加热而来的。通过这一点来判断，人们认为地球的内部应该是热的。

如果真的从地表开始往下挖的话，应该会越挖越热。据说，地底下最热的中心部分，可以达到6000 ℃呢。但是地球的平均半径约为6400 km，用小铲子挖那么一点点的话，是感觉不到热的。

熊熊燃烧着的太阳

相比之下，感觉比地球要热得多的太阳，你们猜猜会有多少摄氏度呢？

太阳的表面温度约为6000 ℃，中心温度高达1500万℃。我们平常所看到的是太阳的大气层，它由里到外分为光球层、色球层和日冕层。其中温度最高的是日冕层，那里的温度竟然可以达到100万℃以上呢。

宇宙形成的初始阶段的温度

那么到目前为止，人们理论认知到的最高温度究竟有多高呢？现在人们普遍认为，在宇宙形成的初始阶段产生过最高的温度。据说，宇宙大爆炸后1秒，温度降低到大约100亿℃。

但是，如果真的到了100亿℃的话，一般的物质是没有办法存在的。还有，就算给100亿℃的物体继续加热，温度想再升高也很难了。可能再往下说，大家会觉得有点难以理解。真的到了那么高的温度，再给物体加热的话，热量应该不会再作用于使物体温度升高，反而可能变成创造出新物质的条件呢。到了100亿℃的话，光都可以变成电子了，会发生对生成反应。因此现在，宇宙中不会再有初始阶段才能产生的那么大面积的高温了。

（常见俊直）

宇宙是冷的或热的，还是没有温度呢？

宇宙是冷的，还是热的？

在宇宙中，有冷的地方，也有热的地方。

举个例子，在距离地球表面约350 km的地方，有人类的国际空间站。空间站每90分钟可以绕着地球转一圈，在这个过程中，空间站外表的温度是经常变化的。

当空间站跑到地球背面，也就是进入地球的影子中时，阳光就照不到空间站了。这时，空间站的温度会比-100 ℃还要低。然而，当空间站转到太阳和地球之间的时候，阳光就可以照射到空间站，这时候空间站的温度可以升高到100 ℃以上。

月球也是同样的。月球表面全都是沙子，没有大气层，也没有水。白天，阳光垂直照射的地方，温度可以达到110 ℃以上；夜晚，温度可以降到-170 ℃以下。

我们要多多感谢地球上有大气层和水，这才让我们的昼夜温差不至于约有300 ℃那么大。可是啊，对于宇宙来说的话，有的地方没有阳光，有的地方有阳光，所以有的地方热，有的地方冷，差别可就大了。

宇宙里的温度和地球表面的气温

另外，宇宙里面的温度和我们平时说的地球表面的气温，完全是两回事。

气温，是大气的温度。但是，宇宙中是没有大气的，所以用"气温"来表示宇宙的温度就不合适了。

宇宙中会发生很多和地球表面不一样的现象。比如说，从宇宙空间站里面把水静静地倒入宇宙中，水就会像被火加热过似的沸腾起来，而在地球表面，水沸腾一般需要100℃呢。想想也会觉得宇宙中更热吧。可是呢，不知怎么的，刚刚还在宇宙中沸腾的水，可能马上就会停止沸腾，然后立刻变成冰了。

在地球上，高温时才有沸腾，低温时才有冰冻，而在宇宙里，这两种情况几乎同时发生呢。

整个宇宙的温度是多少?

在离地球很远，离太阳也很远，而且阳光根本照不到的地方，温度会是什么样的呢?

我们把像太阳一样可以自己发光的星球叫作恒星。据说，距离恒星近的地方温度非常高，距离恒星远的地方温度非常低，可以达到约−270℃。我们在前面的文章中曾经提到，温度最低可以达到−273.15℃，所以这两个温度非常接近了。

当我们仰望星空的时候，总觉得宇宙中恒星是要多少有多少的。实际上，这就和说欧洲只有3只蜜蜂一样，是很随意的想法。在广阔浩瀚的宇宙中，附近就有恒星的地方，其实是屈指可数的，绝大多数的地方都是离恒星比较远的。因此，整个宇宙的温度，我们大概可以认为是-270 ℃了。

（常见俊直）

干冰是什么？

凉凉的白色干冰

在超市里买冰激凌或者冷冻食品的时候，你们有没有向收银员要过干冰呢？结过账后，拿着收银员找给你的硬币，投到机器里面，只听"扑哧"一声，随着一阵白雾飘出，购物袋里被吹进了很多凉凉的粉末。这就是从钢瓶里面吹出来的由二氧化碳做成的干冰粉末了，在日本人们喜欢把它叫作雪干冰。干冰，其实就是固体状态的二氧化碳呢。

干冰，看起来像雪，但是它不会像雪那样融化成水。所以，把它放到购物袋里提回家的话，完全不会出现袋子里积满了雪水的情况。

干冰不会融化吗？

有一些蛋糕店，经常会向我们买的东西里面放入块状的干冰。块状的干冰，其实就是把粉末状的干冰用机器挤压在一起做成的。如果把干冰一直放在那里，它会慢慢地变小，就像冰加热以后会变成水，水加热以后会变成水蒸气一样。通常，固体经过加热以后可以变成液体，再继续加热就变成气体了。但是干冰却不同，就算被加热也不会变成液体。它呀，竟然可以直接变成二氧化碳气体，即完全跳过了成为液体的这一环节，一口气变身成为气体。我们把这样的变化叫作升华。

在平坦的桌面上放一块干冰，试着用筷子轻轻地推动它。这看上去非常像一款叫作空气曲棍球的游戏，干冰会在桌面上滑来滑去的。这是为什么呢？

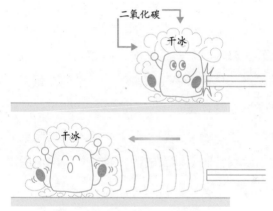

图1　用筷子推动桌面上的干冰

其实，干冰的表面存在着加热后也不会消失的二氧化碳气体。也就是说，在桌面和干冰之间会形成薄薄的二氧化碳气体膜。所以呀，干冰在桌面上处于稍稍浮起来的状态。这样一来，干冰和桌面之间也就几乎不会产生摩擦，干冰想往哪里滑，就轻而易举地滑过去了。

用干冰做做游戏吧

　　干冰是非常凉的，拿它的时候一定要戴工作手套哦。让我们往装有水的杯子里放入一点点干冰吧，可以看到里面会飘出滚滚的白雾，白雾好像在桌面上匍匐前进一般扩散开来。这种白雾的真实身份，并不是二氧化碳气体，而是空气受冷后形成的小水滴。结婚典礼或舞台演出的时候释放的白雾，其实就是这样制造出来的呢。

　　干冰变成气体以后，体积会比原来扩大将近750倍。把一点儿干冰小碎片放入胶卷盒子里面，盖上盖子，紧接着就能听到"砰"的一声，只见盖子飞起来了。一定要注意，千万不要从上方往盒子里面看，盒子正上方也不能有荧光灯，确保了这些才可以开始游戏。还有，如果把干冰放入玻璃瓶里面，盖上盖子进行这个游戏，瓶子炸裂的话，是很危险的。所以，我们也不可以用玻璃瓶做这个游戏。

图2　向胶卷盒中放入干冰

（相马惠子）

干冰的制造方法

干冰最早是在1834年的德国被制造出来的

干冰，是二氧化碳气体遇冷凝华变成固体而得来的。在我们的生活中，木材、纸张、天然气、丙烷、煤油等物质燃烧的时候，都可以产生二氧化碳气体。

德国人奇络列于1834年首次制造出干冰。当时，在非常有价值的研究领域才可以使用少量的干冰。

干冰在世界范围内首次被成功地大量生产，是在1925年的美国纽约。当时，距离奇络列成功地制造干冰，已经过了90多年。实现这一工业化大量生产的，正是美国的干冰股份有限公司。连"干冰"这个名字，都是这家公司命名的呢。

干冰，其实就是"干燥的冰块"的意思。过去，人们把干冰的正式商品名叫作固态二氧化碳。即便是现在，干冰的学名还是固态二氧化碳，没有变。

干冰被大量生产以后，其价格就变得便宜了。有了它，很多东西都可以被低温保存。连最新发售的冰激凌也可以被成功地运送，一点也不用担心化掉了。

对于日本来说，从美国买入设备以后，是从1928年开始制造干冰的。

制造方法基本没变

干冰的制造方法，从过去一直到现在基本上没有变化。

如果硬要说有变化的话，那就是"从哪里提取二氧化碳"发生了变化。过去，人们先将煤在高温下干馏制成焦炭，再通过燃烧焦炭来提取二氧化碳。现在的话，普遍是从工厂或火力发电站燃烧化石燃料时产生的废气中取得二氧化碳的。有时，还会从一些废弃的材料中提取。

由于废气中含有很多杂质，所以会先将那些杂质除去，只

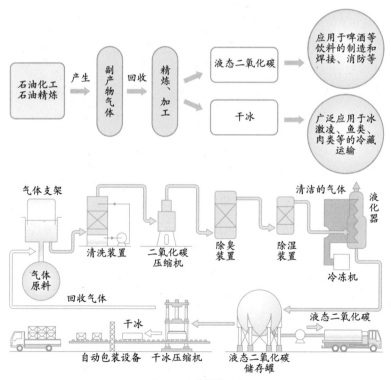

图1　干冰的制造工序

留下纯净的二氧化碳。剩下的，就只是如何使二氧化碳冷却，然后让它变成固体的问题了。

液态二氧化碳的制造

如果将气体不断地压缩，气体就会从一些细小的孔隙中逃出去，然后剧烈地膨胀，温度大幅度下降。重复这个过程，二氧化碳气体就可以变成液体了。在我们所生活的环境中，绝大多数地方的大气压强为1个标准大气压，在这种气压下二氧化碳只可能呈固态或气态，不能变成液体。所以，需要利用产生高压的装置才可以使它变成液体。

（左卷健男）

温度特别低的液氮和液氧

使空气冷却成液态

空气，是由体积分数约为78%的氮气、21%的氧气及1%的其他气体混合而成的。

把空气进行冷却，就可以得到液态空气。从液态空气中，可以进一步分离出液氮和液氧。

液态空气的温度，介于氮气的沸点-196 ℃和氧气的沸点-183 ℃之间。因为，氮气的沸点比氧气的要低，所以氮气会先从液态空气中跑出来。如果把液态空气持续放在那里的话，液氮就会变得越来越少，最后就主要剩液氧了。这时，把蒸发出的那些氮气重新冷却，就可以得到液氮了。就是按照这样的方法，液态空气里的液氮和液氧才被成功地分离了出来。

什么地方会用到液氮、液氧呢？

首先我们要知道，对于液氮和液氧来说，它们可以通过蒸发分别轻松地变成氮气和氧气。

对于氮气而言，它的化学性质不活泼，一般不和其他物质反应，所以它可以用于食品的保存。那些罐装饮料瓶和食品袋里面充的气体，并不是氧气，而是氮气。把氮气密封在里面，就可以很好地保存食品和饮料，使它们不被氧气氧化了。

液氮，也有很多用途。比如：在科学研究的低温实验中，它可以使物体冷却；在渔船上，可以立即用液氮将刚刚捕捞上来的金枪鱼冷冻起来，保持新鲜。除此以外，液氮还可用于家畜精子的冷冻保存、皮肤增殖部分的摘除治疗，等等。

氧气，可以用于医疗急救，供给呼吸。氧气不能燃烧，但能助燃，所以它还可以用在能够喷射出高温火焰的燃烧器里。医院里供病人呼吸的氧气，其实就是从液氧里蒸发出来的。液氧还可以和液氢一起，用于火箭发射呢。

用液氮来做低温实验

保存液氮的罐子一般有两层，两层之间还有一个夹层。为了不让夹层传热，人们把它抽成真空状态。如果不这样的话，液氮就会在很短的时间内蒸发掉。

把液氮从保存罐中倒入桌上的空烧杯里，它可能会像水一样平静吧。如果真这么想的话，那就大错特错了。其实，烧杯里的液体啊，正气势汹汹地沸腾着呢。

让我们试着把一个橡皮球放到液氮中观察一下吧。当把橡皮球从液氮中取出来时，你会发现它竟然变得像一块石头一样。让橡皮球从高处掉落，结果伴随着巨大的响声，它碎成了好多块。如果敲一下碎片的话，它会发出金属的响声，然后裂开。用铁锤敲打的话，碎片就会像打破的陶瓷碗一样碎裂开呢。

我们再试着将花瓣放入液氮中看一看。花瓣在里面就好像是炸天妇罗一样，一边发出吱吱的响声，一边翻滚沸腾着。取出来的花瓣，用手轻轻一碰，就沙沙地化成碎片飘散了。

过一会儿再来看，你会发现橡皮球碎片竟然恢复了之前的弹性，花瓣也重新变得柔软起来了。

把乙醇（白酒的主要成分，俗称酒精）放入液氮中的话，它会先变成黏糊糊的液体，之后变成啫喱状，成为固体。如果将这个固态的酒精放到液态酒精中去的话，它就会沉下去。

将充有二氧化碳的小袋子放入液氮中冷却的话，里面就会产生白色粉末——干冰就这样形成了。

液氧与可燃物放在一起被点燃容易发生爆炸

液氮是无色的，液氧却是淡蓝色的。液氧的温度低于-183 ℃，以上的实验虽然也可以使用液氧来完成，但是考虑到液氧具有非常危险的性质，所以必须要多加注意。

液氧和碳粉、棉毛制品等可燃物放到一起，一旦着火的话，可燃物就会剧烈燃烧。如果这种情况发生在密闭空间里，就会引发大爆炸。过去，人们就利用液氧的这一特殊性质，制作过代替普通炸药的"液氧炸药"呢。在大学或研究所里的化学和物理实验室中，这样的危险也时有发生。

（左卷健男）

用丝线将冰块吊起来的方法

用一根丝线可以将冰块吊起来吗？

从冰箱冷冻室的制冰盒里面拿出冰块，结果一下子就粘在手指上了，你们是不是也有过这样的经历呢？从冷冻室里刚刚拿出来的冰块，温度大概低于-10 ℃。这时候，如果手上沾有水的话，冰块接触到手指，沾在手上的水就会结冰，冰块就和手指粘在一起了。利用这一原理，把用水浸湿过的丝线放到冰块

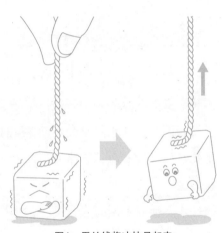

图1　用丝线将冰块吊起来

上就可以轻松地将冰块吊起来。

怎么吊起表面已经融化的冰块？

冰块是非常凉的，可是一旦把它拿出冰箱，它的表面就会

一点一点地融化开来。这样的冰块，就不能像刚刚我们所说的那样，用浸湿的丝线粘到上面吊起来了。但是，如果我们再想想办法的话，就算是已经有点融化了的冰块，也可以用丝线吊起来。那么，到底是什么办法呢？

把刚才的丝线线头用水浸湿，并将其平放在冰块上，然后抓一小撮食盐往冰块上面撒。接下来，慢慢地拉起丝线，你会发现冰块又可以被吊起来了。

这到底是为什么呢？

将食盐撒在冰上会降低体系温度

将少量食盐撒在冰上，食盐会一边吸收热量，一边慢慢地溶解，从而在冰的表面形成冰凉的食盐水。另一方面，冰块为了使表面的食盐水变淡会不断融化（**译者注：实际上加盐后会导致水的凝固点降低，冰会因此融化**）。而冰融化的时候要吸收热量，这时冰块和浓盐水的温度就会继续降低。待冰面局部的盐水变淡时（凝固点升高），冰块又重新冻起来了。这下，丝线又可以把冰块吊起来了。"在冰块上放一根丝线，只要让我撒下神奇的'魔法粉末'，冰块就可以被吊起来哟！"让我们来变个魔术，令身边的朋友们都大吃一惊吧。

食盐和水真是好朋友

同样是调味料的砂糖，外观和食盐非常接近。利用它也可以把冰块吊起来吗？实际上，这个魔术在砂糖身上失败了。原因是，砂糖和水的关系并不像食盐和水的关系那么好。

水，原本是由许多微粒（即水分子）构成的。这些微粒在变成冰的时候，手牵着手，牢牢地连在一起。在冰上加了食盐后，食盐微粒（钠离子和氯离子）进入水分子之间的空隙里。因为食盐和水是好朋友，所以食盐微粒会和水分子手拉着手。这样一来，水分子之间就不能手牵手了，冰开始加速融化，吸收热量，整体温度降低。（译者注：大雪过后，人们在路上大量撒盐除雪，就是利用了这一原理呢。）

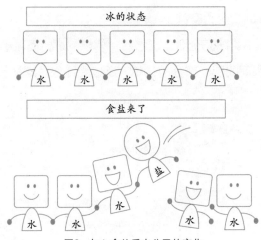

图2　加入食盐后水分子的变化

（相马惠子）

膨胀的冰

　　把一大块冰放入盛有一定量水的杯子里，冰块就在水面上浮起来了。再把杯子里的水加满，可以看到冰块的一部分还是露出水面的。那么，等冰块全部融化后，杯子里的水会出现什么情况呢？

　　A. 水会从杯子里面溢出来

　　B. 水正好是满满一杯

　　C. 水的量会稍有减少

　　答案是B。冰完全融化成水后，体积减小，而减小的刚好是之前露出水面的那一部分的体积，所以最终水是满杯状态。

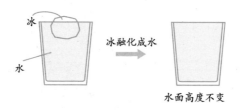

冰

水

冰融化成水

水面高度不变

图1　冰融化后水面的变化

固态、液态、气态的区别

　　先让我们来思考一下，物质由固态变成液态（如冰变成水）是怎么回事吧。固态、液态、气态，它们之间的区别，实际是组成物质的微粒的运动状态的区别。

比如，我们把教室里坐着的每一个学生假想成组成某一物质的微粒。上课铃声响起后，大家都会端正地坐在自己的座位上，对吧？这种状态就是固态。每个人都面向前方，规规矩矩地按照自己的座位顺序坐着。

老师说："站起来走走也可以，有不懂的地方就问问你的小伙伴吧。"然后，大家就乱哄哄地走动起来了。这种状态就是液态。每个人都按照自己的意愿，自由地走动着。

下课了，大家在教室里以非常快的速度跑来跑去。这种状态就是气态。和固态、液态相比，气态时物质中的一个个微粒显得十分有活力。

物质由液态变成固态时，一般体积是减小的

当物质从液态变成固态的时候，先前还在自由活动的微粒会马上集合，规规矩矩地排好队。它们的步子小而轻，完全不同于之前的四处乱转。所以，物质由液态变成固态之后，体积一般会减小。

对于同一物质而言，在它的液体中放入其固体，固体一般会下沉。如果比较同样体积的该物质的液体和固体的质量，应该就很容易理解了。

比如，我们把加热后熔化了的蜡烛放到杯子里面进行冷却，会发现蜡烛的体积最终变小了。这和图2中左侧实验显示的一样。对于同一物质来说，在质量不变的情况下，一般固态时体积小，液态时体积大。想要液态时的体积和固态时的体积一

样大，就需要往天平上固态的一端再加点固体才行。那么，固态一端比液态一端大的质量，就是增加的那部分固体的质量。

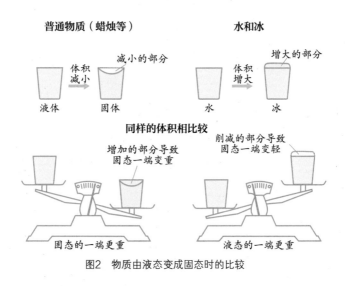

图2　物质由液态变成固态时的比较

但是冰是会浮在水面上的啊。冰是固体，本来沉到水里也不会让人觉得奇怪，那么，为什么冰却会浮到水面上呢？

水变成冰的时候，体积是增大的

你们有没有在郊游之前将饮料倒入塑料瓶里冻起来的经历呢？如果装满饮料的话，冻过的塑料瓶会膨胀呢。如果是用那种不会碎的金属杯子装满水再冷冻的话，结成的冰就会冒出杯口了。

把冰放入水中，冰浮起来时有一部分会露出水面呢。露出水面的这一部分的体积和水变成冰时增加的体积，几乎是相等的。

如图2右侧实验所示，我们可以将这杯水变成冰后冒出杯子的部分切掉，然后比较一下左右两边的质量。你会发现，冰这边变轻了呢。

为什么水结成冰后体积会增大呢?

液体状态下，构成物质的微粒的活动都是散乱的，构成水的微粒也是如此。水变成固态的冰以后，微粒的活动变慢，它们会规距地排列起来。我们把冰的这种状态叫作晶体。

形成冰时，微粒们以一定的空间结构排列起来，这时就产生了巨大的空隙，因此，冰的体积要比水的体积大。

对于我们生活中的常见物质而言，似乎只有水变成固体的时候体积会增大，它是一个特殊的存在。

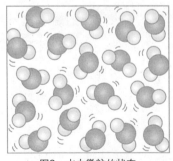

图3　水中微粒的状态

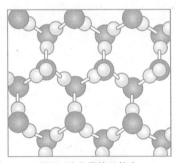

图4　冰中微粒的状态

（加藤一义）

除了水，还有没有其他物质存在其固体能浮于自身液体上的情况？

水是一种特殊的物质

地球上有大量的水存在，因此地球也可以被称为"水之行星"。

特别是生活在日本的人们，一直以来承蒙水的恩泽。了解水的性质，感觉像是理所应当的。就比方说，冰浮于水上这一现象，我们就一点儿也不觉得稀奇。

实际上，冰浮于水上这一现象并不简单，它表现出的是水这一物质的一个特殊性质。在自然界的所有物质中，水的这种性质都是罕见的。

在体积相同的情况下，同一物质的固体和液体相比较，几乎所有

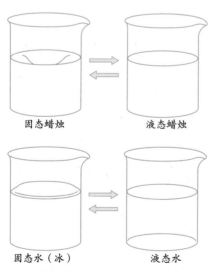

固态蜡烛　　　　液态蜡烛

固态水（冰）　　液态水

图1　蜡烛/水处于固态和液态时的体积比较

物质的固体的质量会更大一些。所以，也几乎是所有的物质，在其液体中放入自身的固体，固体会往下沉。比如：将固态蜡烛放入已经熔化了的蜡烛中，固态蜡烛会下沉；往液态水银中放入用干冰提前冷却了的固态水银，固态水银也会下沉。

因为冰浮于水上……

在寒冬的夜晚，经常有水管被冻裂，这其实就是水变成冰以后体积增大所导致的。

多亏水有了这一特殊性质，水中的生物才可以安全地度过冬天。

我们将室温下的液态水冷却到0 ℃。在温度降到4 ℃的过程中，液态水的体积始终在减小。当温度达到4 ℃时，液态水的体积正好达到最小值。继续冷却下去，当温度低于4 ℃时，情况就发生了逆转——液态水的体积开始增大。当温度达到0 ℃时，水会逐渐变成冰，完全结冰时其体积比液态时的体积增加了1/11。

在池塘和沼泽中，当气温下降时，体积相同的情况下4 ℃的水的质量应该是最大的，所以4 ℃的水会沉入池塘和沼泽的底部。水面附近的水，其温度会随气温的下降而继续下降。当气温降到一定程度时，水面附近就会开始结冰，结出来的冰会漂浮在水面上。水面上形成冰层以后，冰层就可以起到"隔热剂"的作用，使下方的水与外界空气隔绝。这样一来，即使是在寒冷的冬夜，也可以防止水底结冰了。

如果水像绝大多数物质一样，随着温度下降体积一直减小

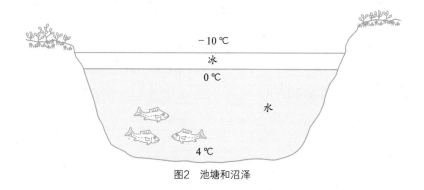

图2 池塘和沼泽

的话，那就会发生悲剧了——温度越低的水会越往下沉，从而从底部开始结冰。由于没有了"隔热剂"，从上到下都会冻成硬邦邦的。这样一来，水里的生物就无法生存了。

除了水，一些物质也存在其固体可以浮于自身液体上的情况

除了水，固态时的密度比液态时的密度小的物质，稍微常见点的就是金属锑（tī）了。这是古代活字印刷过程中制作活字时使用的一种金属。在活字的模子中放入熔化了的锑合金，等它冷却凝固以后，体积会比原来大一些，这样它就可以保持这个形状来当作活字了。如果换成冷却后体积会减小的物质，那么活字的形状就做不出来了。

自身的固体可以在自身的液体中浮起来，这样的物质除了水和锑，还有铋（bì）、镓（jiā）和锗（zhě）。

（左卷健男）

可以在热水中熔化的金属

在一些常见体温计的玻璃管中，我们可以看到与数字对应的银色液体，这就是金属水银。

水银，就像它的名字那样，是呈银色且像水一样的液体。也就是说，它是一种液态金属。当不小心将水银体温计打碎的时候，水银就会呈小球状溅落在地上，就像一颗颗水珠一样。

对于众多金属来说，在体积相同的情况下，水银是比较重的一种金属。比如，同样是1 L（1000 cm³），水的质量大约是1 kg，而水银呢，其质量已接近14 kg了。

水银在常温（室温）下是液体，经过冷却就可以变成固体。水银的熔点（晶体熔化形成液体时的温度，它等于液体凝固形成晶体时的温度）是-39 ℃。如果把水银冷却到-39 ℃以下的话，水银就可以变成固体了。在我们身边，二氧化碳也可以经降温变成固体干冰。

-39 ℃已经是非

图1　水银体温计

常低的温度了，在日本观测到的比它还要低的温度是在北海道的冬季出现的-41 ℃（来自自动气象数据探测系统，1902年1月25日，旭川市）。冰箱的冷冻室里，最低温度也才只有-18 ℃呢。

在整个金属（铁、铜、铝、金、银、铅、钙等）家族中，水银是唯一的在常温下呈液态的金属。

接触人体或热水就会熔化的金属

金属铯的熔点是28.4 ℃，金属镓的熔点是29.8 ℃，当接触到人体（正常体温为36～37 ℃）的时候，它们都会熔化。也就是说，它们是放在手掌上，然后手一握就会熔化成液体的金属。不过，铯和镓这两种金属，在学校里是很难见到的呢。

在金属中加热熔合某些金属或非金属制得的具有金属性质的物质，叫作合金。一些合金也能在较低温度下熔化成液体呢。

比如，有一种被称为"木材合金"的物质，它是比较容易获得的一种合金。很多学校都会订购这种木材合金。它的熔点在70 ℃左右。常温下，它是一种银色的、坚硬的金属材料。如果把木材合金放到热水中，它就会熔化，变成银色的液体，看上去像水银一样。趁着它熔化的时候，拿一根玻璃棒在液体中把它调整成心形，冷却后它就会凝固成心形固体呢。像这样，在热水中任意调整它的形状，等到冷却以后，它就可以形成各种形状的固体了。

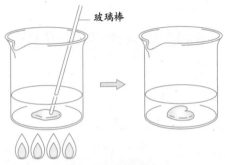

玻璃棒

图2　熔化以后再冷却

木材合金的应用实例

可以防止火灾的自动洒水灭火装置就用到了木材合金。在想要喷水的地方，可以预先用木材合金给里面的水管做盖子。因为木材合金是坚硬的金属材料，所以用它做成的盖子是很坚固的。

当着火的时候，由木材合金制成的盖子的温度会越来越高。当温度达到70 ℃的时候，盖子就会熔化掉，这样，里面的水就可以喷洒出来了。

（左卷健男）

砂糖在水中溶解以后

生活中各种物质溶解于水的情景

做饭的时候，我们会把盐溶解到汤里；喝红茶或咖啡的时候，我们会把砂糖溶解进去……生活中，我们还会将很多很多的其他东西进行溶解。这次，我们主要关注的是砂糖在水中的溶解。让我们一起来观察和了解一下吧！

将包着砂糖的纱布浸入装有水的杯子里，会发生什么？

像图1那样，把包着砂糖的纱布浸入装有水的杯子里。我们来观察一下，当砂糖中有水渗入之后，会发生什么呢？

从纱布下面可以看到，有闪闪发光的东西正晃晃悠悠地向下降落，然后在杯子的底部聚集起来。这些是什么呢？纱布里面除了砂糖，没有其他的东西呀。所以，我们认为，那些正是溶解了的砂糖。通过观察，如果你

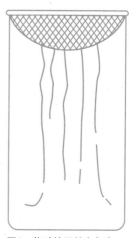

图1　将砂糖用纱布包裹，
浸入水中

发现纱布里面的砂糖变少了，也可以说明砂糖已经溶解了。

将方糖放入装有水的杯子里，会发生什么？

接下来，我们往装有水的杯子里放入一块方糖。放入方糖以后，不要搅拌，就那样观察。杯子里会有什么变化呢？

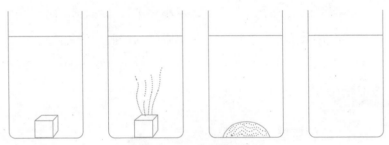

图2　把方糖放入水里时的变化

刚开始方糖上会冒小气泡，然后方糖就分解了。之后，沉积在水底的糖粒会变得越来越小，直至完全消失——方糖变成肉眼看不到的微粒，溶解在水中了。刚开始的时候冒泡，是因为方糖是用砂糖粉按一定形状制作出来的，砂糖中间混有空气。

确定砂糖已经溶解在水中的方法

假设朋友送给我一杯砂糖水，我该怎样做才能判断出是不是真的有砂糖溶解在里面呢？有什么好办法吗？

1．尝味道

如果里面溶解的东西卫生、安全且可以品尝的话，我们可以尝尝它的味道。若溶有砂糖，则会有甜味。要是你有点介意，可以用舌尖微微试一下味道，然后好好地漱漱口吧。

2．对其加热

将溶液倒入一个大勺子里，用小火进行加热。如果溶有砂糖的话，在水蒸发的过程中，是可以闻到一股甜甜的香味的。水的颜色，也会从无色向黄色，进而向茶色变化。如果里面什么都没有的话，水就只会蒸发，颜色不会发生变化。

3．比较质量

如果真的有很多砂糖溶解在水里面的话，那么液体质量增加的部分，就是砂糖的质量了。往另外一个同样大小的杯子里注入同样多的水，再和这个可能溶有砂糖的杯子比较一下质量，就可以知道了。但是，有时候溶解的砂糖的量太少，或者称重器测量的数值不那么精准的话，就无法得出正确的结论。

砂糖的水溶液

不仅仅是砂糖，只要其他物质能溶于水形成均一、稳定的混合物，就可以把它称为"水溶液"。水溶液可以是无色的，也可以是有颜色的，但它一定是透明的。所以，溶解了砂糖的水，就是砂糖的水溶液了。

（横须贺　笃）

让过滤（水的净化方法）大显身手

猿飞佐助为什么得救了？

在很久以前，有一本关于忍者的漫画，名字叫《猿飞佐助》。这本书讲的是小忍者猿飞佐助随着父亲一起修行，历经种种磨炼，不断成长进步的故事。其中，有一个小故事是这样的：在一个夜晚，一个迷路的孩子来到了佐助家，他们将这个孩子留下来过夜。第二天早上，佐助起来后打开水桶下面的阀门，接了一杯水喝，然后就出门了。之后，佐助的父亲来到水桶的旁边，正要喝水，却发现水桶上面的盖子是掀开的，家里的猫正美滋滋地喝着桶中的水。结果，不一会儿，猫扭了扭身子，死掉了。原来，昨晚留宿他们家的孩子是敌人派来的，那孩子在水桶里面下了毒。

亲眼见到猫死去的佐助的父亲，非常担心佐助的情况。而此时，佐助正脸朝上，躺在河边的一块大石头上休息呢。父亲大声呼唤佐助，听到呼唤的佐助伸了个懒腰，坐了起来。他用非常诧异的眼神盯着父亲，不知道发生了什么。佐助的父亲这才明白过来，道明了事情的原委。

猫确实已经死了，可是佐助还活着。你们能解开这个谜团吗？

水的净化原理

在古代，是没有自来水管道的，人们在生活中使用井水还有河水。有时，水里会有一些脏东西，于是，人们就把沙子、木炭、小石子等摞成好几层，做成一个大的过滤装置放进水桶里，等水变干净了再饮用。有了这个过滤装置，微生物就可以在其表面繁殖了，这样还可以清除掉一些细菌。

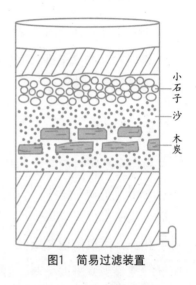

图1　简易过滤装置

佐助之所以可以保住性命，正是因为水桶下面有这样的过滤结构把溶解在水中的毒物吸附住了。而猫呢，因为直接饮用了上面没有经过过滤的毒水，所以死去了。佐助家里使用的过滤方法，是让水慢慢地通过过滤层，从而被净化。直到今天，这种过滤方法（缓速过滤）仍然是水厂净化水时采用的一种方法呢。

家庭生活中可以看到的各种过滤

过滤，是将混杂在液体中的固体杂质或少量溶解在液体中的异味、色素清除出去的过程。在我们的家庭生活中，有很多场景都涉及过滤呢。

1．滤咖啡

在一张滤纸上铺上一些咖啡豆粉末，然后用热水浇在上面。我们会发现，咖啡豆的粉末留在了滤纸上，而咖啡液透过滤纸流到了杯子里。

2．净水器

当自来水中有消毒水的味道或者其他异味的时候，我们会选择使用净水器。净水器里面有可以去除异味的活性炭，也有可以将水中微生物除掉的中空纤维膜。中空纤维膜上有无数的微小孔隙，可以截留杂质。净水器使用到一定时候，里面的中空纤维膜会因变脏而堵塞，活性炭也会失效，因此，根据使用情况来更换滤芯等部件，是非常重要的。

3．水槽过滤器

鱼缸里，如果有鱼儿的粪便和食物残渣的话，水就会被污染，鱼儿就容易生病。想要去除那些污染物的话，我们可以使用由过滤纤维和活性炭构成的水槽过滤器来过滤。过滤纤维被使用一段时间后，上面就会有微生物生长，这些微生物可以分解掉污染物。活性炭上的无数微小孔隙，可以吸附污染物。清洁水槽过滤器的时候，一定不要洗得太彻底，留一些微生物在上面，之后还可以继续利用呢。

（横须贺 笃）

什么是晶体？

用食盐水来做个实验吧

　　将食盐水倒入一个平坦的器皿中，静置，让里面的水分自然蒸发。你会发现，从食盐水的边缘开始出现白色大颗粒。让我们用放大镜来观察一下这些大颗粒吧。你们看到立方体结构了吗？那就是溶解在水中的食盐变成晶体后的样子呢。晶体，是构成物质的微粒（如原子、分子、离子）按一定空间次序排列而成的固体，具有规则的外形。物质从溶液中以晶体的形式析出的过程，就叫结晶。溶解于水之前，食盐是白色的细小颗粒。那么，食盐的晶体和没溶解之前的食盐，是两种不同的东西吗？晶体到底是什么呢？今天我们就来聊一聊晶体。

　　除了食盐，还有各种各样的物质也可以溶解在水里。这些物质，基本上都可以通过让水蒸发、让温度降低之类的方法来获得它们的晶体。把固体放到水里进行溶解的时候，水越多，可以溶解的固体就越多；水越少，能够溶解的固体就越少。所以，我们用较多的水来溶解固体，蒸发之后水量变少了，溶解变难，固体就会重新出现。或者，不用改变水量也可以，我们可以把水温升高。一般来说，水温越高，溶解的固体就越多。把一定量的固体溶解在热水中，再让热水冷却下来，此时溶解变难，固体就出现啦。

接下来，我们来看看为什么食盐之类的小颗粒或者粉末状固体溶解以后再变成固体时，不会恢复到原来的形状，而是成为晶体呢。

晶体其实是一群听到"向前看齐"口令的"孩子"

让我们从微观的视角来看看食盐在水中溶解时的样子吧。食盐溶解在水中后，组成它的微粒在水里面处于零零散散的状态。要是有足够多的水让这些微粒可以在里面尽情扩散的话，它们就不会聚到一起了。相反，经过蒸发，水越来越少，这些微粒就无法继续溶解在水中，而会相互吸引聚集在一起。它们整齐地排好队，然后凝结成块，这就形成了晶体。

如果把食盐粒比喻成孩子的话，在水中溶解时的食盐粒就像下课后在体育馆里玩捉迷藏的孩子，它们在自由自在地活动。当水经过蒸发出现晶体的时候，这群孩子仿佛听到了老师发出的"向前看齐"的口令，立即调整自己的状态，横平竖直地排列起来，最后就变成了有规则形状的固体。

"慢慢来"是结晶的关键

食盐粒集合到一起的样子，就好像搭积木玩具一样。将积木凹的部分和凸的部分摁在一起，就可以把两块积木拼接起来了，而积木表面平滑的部分是无法拼接在一起的。食盐粒想要连接在一起，也得分容易连接的方向和不容易连接的方向。正是因为这个特点，当食盐粒越结越多的时候，我们会发现，在一些固定的方向上食盐粒会比较多地排列在一起，变成骰子一样的形状。物质种类不同，小颗粒们连接起来的走向也是各式各样的。所以，我们通过观察晶体的形状，也可以判断这个东西到底是什么。

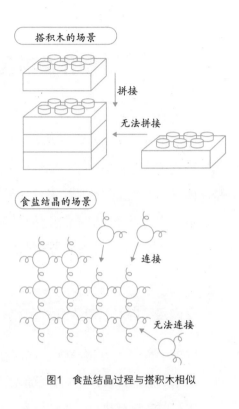

图1　食盐结晶过程与搭积木相似

当水分慢慢地蒸发掉，水里摇摇晃晃地漂浮着的小颗粒，会向最开始出现的一些小晶体周围聚集，然后慢慢变成了一大块晶体。这时，如果通过加热来让水分快速蒸发的话，不仅不会形成大晶体，反而会出现很多小晶体。最开始溶解在水中的食盐颗粒，实际上就是由很多特别小的晶体集合而成的。

（相马惠子）

制作盐的晶体

你们见过水晶吗？它有着非常漂亮而独特的外形呢。构成物质的原子、分子或离子规则地排列起来，变大之后的东西就是晶体了。像红宝石和蓝宝石这样的宝石，基本上都是切割加工过的，它们未经过加工的天然晶体也是非常美丽的。作为入门级别的有趣实验，让我们先来挑战一下盐的晶体制作吧。

可以在大自然中见到的盐的晶体

世界上很多地方都有含盐地层存在。过去曾经是海的地方，海水一点点蒸发掉之后，就形成了含有盐的地层结构。像尼泊尔和蒙古这样离海很远的国家，也是有岩盐存在的，当地的人们通过岩盐来提取食盐。那是因为，那些地方在很久很久以前也是大海。敲碎含盐层可以取得岩盐，把岩盐一块一块地非常小心地分开的话，可以看到它们有着非常漂亮的解理（可以沿着某个方向漂亮地分割开来）。

制作盐的晶体

把充分溶解的食盐水倒入浅浅的广口保鲜盒内，将保鲜盒放到阳光充足的地方静置几天，记住不要放其他杂物进去。几天过后，你就会发现里面出现了像骰子一样的盐的晶体。

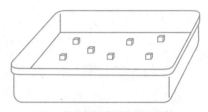

图1　使用保鲜盒制作盐的晶体

再过一段时间，盒内出现了很多小小的晶体，而没有出现大晶体。如果想要得到更大一点的晶体的话，在保鲜盒中刚出现晶体时，往里面再加一些盐水就好了。

将食盐的晶体做成装饰物

让我们一起来制作粘有很多晶体的装饰物吧。随着温度变化，盐溶解在水中的量也会有一定变化。高温的时候，盐溶解得多一点；低温的时候，盐溶解得少一点，容易结晶。所以，可以在高温时向盐水中放入装饰物，然后再将其冷却，没有溶解掉的盐就会吸附在装饰物表面，逐渐变大，变成漂亮的晶体了。

1．准备材料

准备1 L水、约400 g食盐、筷子、棉线（或风筝线）、1~2 mm粗的铝质金属线、金银丝、锅、镊子、纸箱。

2．制作方法

（1）可以把棉线缠绕到铝质金属线上，弯曲成各种形状，或者把金银丝弯曲成好看的形状，这样就把装饰物的轮廓做出来了。

（2）向锅里倒入水，尽可能多地溶解一些食盐，再把锅放到火上加热。食盐继续溶解的话，就再加一些食盐进去。

（3）水沸腾后关火，用筷子和线吊起装饰物，将其尽量全部浸入盐水中，线的长度需相应调整。

（4）把锅放到纸箱里面。为了保持温度，盖上盖子让它慢慢地冷却。几天后，取出装饰物进行干燥，可以看到上面粘着好多漂亮的晶体啊，这下可以放到玻璃瓶中保存起来了。

①用金银丝等来做装饰物　　　②制作盐水

③将装饰物浸入盐水中　　　④把锅放到箱子里

图2　利用食盐晶体制作装饰物的步骤

（横须贺　笃）

喝可乐后打嗝的原因

在酷热的夏日，口渴的时候喝上一杯冰可乐，感觉真是爽极了。但是，喝了可乐后没过多久就开始打嗝了，这可真让人烦恼。水的话，不管喝多少都不会打嗝，而可乐却不同，真的好神奇呀！喝可乐后打嗝，排出来的是什么呢？让我们一起来探究一下吧。

可乐和汽水共同的性质

像可乐和汽水这样的饮品，我们称为碳酸饮料。在打开瓶盖的时候，这些碳酸饮料通常会发出"呲"的声音，倒入杯子里，杯壁上会出现很多小气泡。这些碳酸饮料所拥有的共同特点是，有很多二氧化碳气体溶解于其中。打开瓶盖后，那些没能溶解在饮料中的二氧化碳气体就跑出来了，并成为杯壁上的小气泡。

碳酸，这个词语虽然带了一个"酸"字，但是它和能够溶解金属的盐酸不同，它不是强酸，而是属于弱酸。舔一口溶解有二氧化碳的碳酸水，会有一种辣乎乎的刺激性味道。这种刺激性味道正是酸所具有的很典型的性质。

※用来兑酒的碳酸水是不含糖的。如果你家里有的话，可以试着品尝一下。

让碳酸饮料产生更多气泡的方法

碳酸饮料中充入的二氧化碳的量一般是饮料量的三倍以上。往杯子里倒可乐的时候，会产生很多二氧化碳形成的气泡。如果想要产生更多的气泡，该怎样做呢？

1．摇晃杯子

可以摇晃装有可乐的杯子。看看，是不是气泡变多了呢？（如果剧烈摇晃的话，气泡会带着饮料上升溢出，所以要准备深一点的杯子来实验。）

2．尝试加热

夏天的时候，经常可以看到鱼儿在水面附近用嘴巴大口大口地呼吸空气。这是因为，当温度升高的时候，溶解在水中的空气就减少了。

把装有可乐的杯子泡到温水中，不就可以看到很多气泡产生了吗？

3．试着加入盐或砂糖

下面，向装有可乐的杯子里撒入盐或砂糖来做个实验。你会发现产生了很多气泡。原来盐和砂糖在水中溶解时，把本来溶解在水中的二氧化碳给赶出来了。

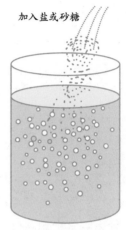

图1　让可乐产生更多气泡的方法

什么是打嗝？

我们在吃东西的同时，也会吃进食物中的空气。这些空气会从胃和食道逆行而上，从口中排出，这就是打嗝了。特别是当我们着急吃东西的时候，囫囵吞咽，会吃进更多的空气，就会打嗝。

还有就是吃多了的时候，身体不舒服，食物在胃里不怎么消化，也会产生气体，人就会打嗝。

喝可乐后打嗝的原因

喝了可乐后，可乐会停留在胃里，其温度受体温的影响而升高，二氧化碳就释放出来了。如果继续吃东西的话，吃进去的食物与胃液、可乐混合在一起。这样一来，就更容易打嗝了。

（横须贺　笃）

什么是酸性?

"酸"这个字,有味道酸的意思。说到酸味,大家会想起什么呢?会想到柠檬、梅干、青橘、醋,以及酸味的点心,是不是?这些食物具有一个共同的性质,我们称之为酸性。

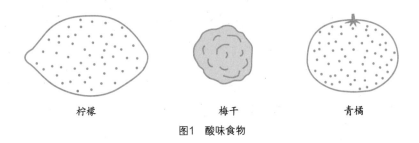

柠檬　　　　　　梅干　　　　　　青橘

图1　酸味食物

酸的作用或性质

1．去除金属上的污渍

酸,除了有酸味,还有其他性质吗?一枚新的10日元硬币看起来亮闪闪的,用过一段时间后,沾上灰尘和污垢就会变得发黑了。试着用肥皂洗,还是不怎么干净。

这时，可往一块破布上滴一些醋或者柠檬汁，配合沙司、朝天椒等一起，充分浸润硬币，然后磨一磨，硬币很快就变干净了呢。10日元硬币表面覆盖的黑色物质，其实是铜和空气中的氧结合之后形成的

图2　用酸性物质擦一擦10日元硬币

氧化铜。酸可以溶解掉氧化铜，所以硬币就变干净了。

2．溶解大部分金属和石灰石等

柠檬汁是比较弱的酸。如果是盐酸这样的强酸，把铁片放入其中，放入的瞬间就会产生气泡，开始溶解。许多金属会在酸溶液中溶解，这一性质被人们用到了生活生产中的方方面面。比如，从含有金属的矿石中提取金属，制作印刷版，等等。除了金属，一些酸溶液还可以溶解石灰石。石灰石，是由钙元素、碳元素、氧元素组成的。如果往石灰石上倒盐酸的话，石灰石会一边冒泡一边溶解，冒出来的气泡就是二氧化碳了。

图3　铁片溶解在盐酸中

3．改变石蕊（ruǐ）试纸的颜色

使用石蕊试纸，可以让我们知道水溶液是酸性的、中性的，还是碱性的。从一种叫作石蕊的苔藓植物里，可以提取到

它的色素成分。让这种色素成分充分浸透滤纸，然后干燥，石蕊试纸就做好了。如果将酸性液体沾到石蕊试纸上，会有下面的变化：

蓝色石蕊试纸：蓝色→红色

红色石蕊试纸：保持红色不变

使酸性减弱的东西

实验中用的盐酸，如果直接倒入下水道的话，会对自然环境产生不利影响。虽然盐酸和水混在一起会被稀释掉，酸性也会有所减弱，但是如果盐酸很多的话，那得用多少水来稀释呀，太累了！有没有其他方法呢？与酸性相对的性质就是碱性。如果把酸和碱混合在一起的话，只需很少量的碱就可以把酸性减弱。简单来说，把酸和碱混合在一起变成中性，就叫作中和。工厂里处理废弃化学药品的时候也会利用到中和反应呢。

（横须贺 笃）

什么是碱性？

碱性

酸性是从具有酸味意思的"酸"这一汉字中产生的词语。日语中有"酸"这个汉字，但是并没有"碱"这个汉字。那么碱的意思是什么呢？日语中代替"碱"这个汉字的词语是"アルカリ"，是日语中引进的外来语。"Alkali"（碱）在阿拉伯语中表示的是"植物的灰"的意思。过去，阿拉伯人发现，溶解有草木燃烧之后产生的灰（即草木灰）的水具有去污能力，于是就把这种水作为洗涤剂来使用了。

碱性物质

那么，什么样的物质是碱性的呢？最常见的是溶解有肥皂

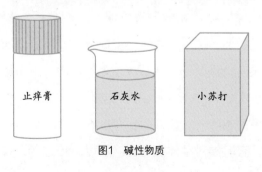

止痒膏　　石灰水　　小苏打

图1　碱性物质

的水，它是碱性的。一些可以治疗蚊虫叮咬，具有特殊气味的止痒药物，也是碱性的。还有石灰水、食用膨松剂（小苏打）也是碱性的。

碱性物质的作用及性质

1．溶解蛋白质和油

皮肤的成分中含有蛋白质，碱溶液可以溶解蛋白质和油。强碱性去污剂之所以能去除污渍，其中一个重要原因就是碱溶液有溶解蛋白质和油的作用。洗脸和洗头的时候，不小心把肥皂水弄进眼睛里的话，眼睛会很疼，那是因为肥皂刺激了眼角膜。如果是碱性更强的药品溅入眼睛的话，那就会伤害眼角膜，甚至有导致失明的可能。所以，实验室使用碱性药物，尤其是强碱（如氢氧化钠、氢氧化钾等）的时候，一定要使用手套并戴上安全防护眼镜，且特别小心才行。

2．弱化酸性

如果把碱性物质和酸性物质混在一起的话，酸性就会减弱。在田里长期施肥后，土壤会变成酸性，不利于农作物的生长。这时候向田里撒一些熟石灰（氢氧化钙），土壤就可以从酸性向中性转变了，农作物又有了健康成长的环境。

我们将目光转向烹饪方面，有些野菜会有涩涩的味道，不仅不好吃，有时候对身体也有害。所以，把这些野菜泡到溶有草木灰的水中，酸性成分就减少了，也就可以放心食用了。

治疗胃酸过多的胃药中也有碱性药物成分。胃液是酸性非常强的液体（含有盐酸），所以胃酸过多的病人可以食用碱性药品来减弱胃液的酸性。

图2　向田里撒熟石灰，可弱化酸性，改良土壤

3．改变石蕊试纸的颜色

检验物质是酸性、中性还是碱性的材料中，有一种是石蕊试纸。前面提到了，蓝色石蕊试纸遇到酸性水溶液会变红，红色石蕊试纸遇到酸性水溶液不变色，那么蓝色或红色石蕊试纸遇到碱性水溶液时会出现什么情况呢？会发生下面的变化：

红色石蕊试纸：红色——→蓝色

蓝色石蕊试纸：保持蓝色不变

（横须贺　笃）

一起来鉴别酸性、中性和碱性

酸性、中性和碱性

大家听到酸性、中性和碱性，会联想到什么呢？酸雨、中性洗涤剂、碱性电池等，大家应该都听说过吧。

用这三个词语，就可以表达出物质的性质。酸性物质尝起来会有股酸味儿，像柠檬汁和梅干，表现出来的就是酸性。可以将铁溶解的盐酸，当用很多水将它稀释以后，它的味道也还是酸的（用嘴品尝是很危险的，千万不要尝试）。碱性物质有苦涩的怪味儿。食用膨松剂（小苏打）、肥皂、驱蚊止痒的药物，都是碱性的（驱蚊止痒药物中含有的成分避蚊胺具有一定毒性，所以也不能去尝）。既不是酸性，也不是碱性，这种性质被称为中性。自来水就是中性的，没有什么明显的味道。

鉴别酸性、中性和碱性

如果是一种未知的水溶液，我们不知道里面溶解了什么物质，通过品尝来判断它的酸碱性太危险了，行不通。为了鉴别它的酸碱性，我们可以使用石蕊试纸。石蕊试纸，遇到酸性溶液或碱性溶液时会发生相应的变化。可以将酸性或碱性药品溶解在水中，用石蕊试纸来测试。石蕊试纸的颜色有红色和蓝色两种，当沾上想要判断的水溶液时，试纸的颜色会发生以下变化：

	红色石蕊试纸	蓝色石蕊试纸
酸性溶液	显红色	显红色
中性溶液	显红色	显蓝色
碱性溶液	显蓝色	显蓝色

石蕊试纸的使用方法

使用石蕊试纸来测试水溶液酸碱性的时候，需要准备大烧杯、玻璃棒、玻璃板、镊子和石蕊试纸。

（1）准备一个装有水的大烧杯。在需要使用玻璃棒的时候，先将玻璃棒放到清水中好好地洗一下。

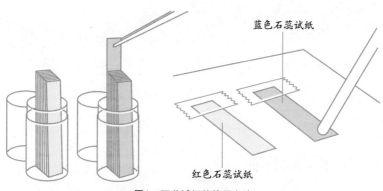

图1　石蕊试纸的使用方法

（2）用镊子从盒子里面一张一张地夹取石蕊试纸。将取出来的石蕊试纸放到玻璃板或者塑料板上面。如果直接放到桌面上的话，要测试的药品就会沾到桌子上，造成污染或腐蚀。

（3）用玻璃棒蘸取想要测试的溶液，涂到石蕊试纸上，观察石蕊试纸的颜色变化，即可判别被测溶液的酸碱性。实验结束后，要仔细擦擦桌子，清洗和整理实验器具。

在家中测试各种水溶液

想要在家里测试水溶液的酸碱性，但是没有石蕊试纸，这时候可以使用石蕊试纸的替代品——紫甘蓝汁。下面就为大家介绍使用紫甘蓝汁来测试的方法吧。紫甘蓝经常被用在制作沙拉中，沙拉有了它增添了新的色彩。一旦紫甘蓝接触到沙拉酱之类的酸性调味品，就会变成鲜艳的红色。可是，不能把切碎的紫甘蓝丝直接放入想要测试的水溶液中进行检测，要选择以下任意一种方式来准备紫甘蓝的汁液。

1. 用水煮

锅里加入水，将切成细丝的紫甘蓝放进锅里煮。稍微一煮，就可以熬出紫色的汁液，我们将要使用的就是这些紫色的汁液。这个过程中，要小心烫伤哦。

2. 冷冻后再解冻

将切成细丝的紫甘蓝叶冷冻之后再解冻，使用筛子将叶和汁分离。由于紫甘蓝叶的细胞受冻而遭到了破坏，所以会产生浓浓的汁液。用量很大的时候，用这种方法十分便利。

把得到的汁液倒入一格一格的鸡蛋盒里，然后，将打算测试的溶液也倒进去。在加入紫甘蓝汁之前，鸡蛋盒的底部最好铺上白纸，这样实验的时候，颜色的变化就可以看得更清楚了。

※紫甘蓝汁颜色的大致变化：酸性（红色）——中性（紫色）——碱性（绿色）

（横须贺　笃）

日常生活中的酸性物质

寻找酸性物质

寻找酸性物质

　　酸性水溶液沾到红色石蕊试纸上，试纸是不会变颜色的，沾到蓝色石蕊试纸上，试纸会变成红色。我们可以好好地利用酸性水溶液的这一性质，来看看我们身边有哪些东西是酸性的。家里没有石蕊试纸的也没有关系，就算用家庭厨房中现有的一些物品，也有很多办法可以判断出某个东西是不是酸性的。比如，我们可以把一颗紫甘蓝切得细细的，用锅将它的汁液煮出来，然后利用咖啡过滤器过滤得到紫甘蓝汁。紫甘蓝汁

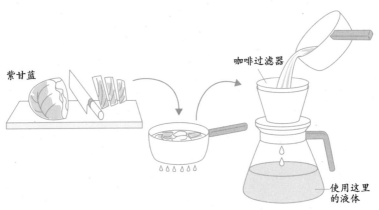

紫甘蓝

咖啡过滤器

使用这里的液体

图1　制作紫甘蓝汁

是紫色的，往里面加入酸性水溶液后就会变红。用我们平时喝的红茶也一样可以做这个实验。如果向红茶里加入了酸性水溶液，红茶的颜色就会变浅呢。

你可不可以找到就在我们身边的一些酸性物质呢？快快实验，行动起来吧。

"酸味"是酸性的证据

酸性的"酸"，酸味的"酸"，都读作"酸"。淡淡的酸性水溶液，会有一股酸味。我们利用这一点来想象一下哪些东西可能是酸性的。说到酸味，我们立刻就会想到醋、柠檬汁、梅干之类的东西。和大家想的一样，这些东西确实都是酸性的，它们会使蓝色石蕊试纸变成红色。

醋，是利用菌的力量使大米和其他谷物发酵而酿制成的。这样的发酵食品还有酸奶、清酒、酱油、酱等。当然，它们也是可以显示出酸性的。柠檬、橙子、苹果，还有葡萄，等等，用这些水果做成的果汁也是酸性的。这些水果中含有柠檬酸、苹果酸和维生素C等成分，这些成分溶解在水中可以显示出酸性。还有，可乐等不含果汁的碳酸饮料，也是酸性的。因为碳酸水其实就是酸性的呢。碳酸水，是溶解了很多二氧化碳的水溶液。在理科实验中，也有人用实验来验证二氧化碳溶解在水中到底会不会产生酸性。

充分利用了自身酸性的东西

可以去除厕所里黑斑和黄斑等污渍的洁厕剂，它的主要成分盐酸就是酸性的。正是具有酸的性质，它才可以帮我们把厕所里的污渍清除掉。市面上的清洁剂各种各样，但是，如果把酸性洁厕剂和氯系清洁剂（如84消毒液）混在一起的话，就会释放出有毒的气体（氯气），十分危险。如果我们观察洁厕剂瓶身上的说明，也会发现上面印着"请勿与其他清洁产品混合使用，以免产生对人体有害的气体"。所以，大家千万不要把它们混合在一起使用啊。

说到盐酸，大家的胃里面起到消化食物作用的胃液，就含有盐酸。啊，肚子里面有盐酸？大家一定会觉得非常惊讶吧。胃液，是可以将肉之类的蛋白质消化掉的一种消化液，具有强酸性。那么，它可以把肉消化掉，为什么没有把胃也消化掉呢？那是因为啊，胃的内壁上有着会产生黏液的细胞，黏液会在胃壁上形成膜。这层膜就成了一道屏障，保护胃不与胃液接触。人的身体，真的进化得非常合理呢。

（相马惠子）

日常生活中的碱性物质

寻找碱性物质

　　将碱性水溶液涂到蓝色的石蕊试纸上，试纸不会变颜色，涂到红色石蕊试纸上，试纸会变成蓝色。我们可以充分利用碱性水溶液的这一性质，来找一找我们身边有哪些东西是碱性的。没有石蕊试纸也没有关系，就像我们找酸性物质的时候一样，也可以使用煮过的紫甘蓝汁。把碱性水溶液加入紫甘蓝汁中的话，紫甘蓝汁会变成绿色。

　　还有，百货商店和杂货铺里面卖的一种紫色的香草茶，也可以买回来试试看。这种茶的花瓣是紫色的，将花瓣放入水中，水就会变成紫色液体了。我们使液体变得浓一点，然后把酸性水溶液倒进去的话，水会变成红色或者粉色，把碱性水溶液倒进去的话，水会变成蓝色或者绿色。

　　快快行动起来吧！让我们看看能不能从身边找到一些碱性物质。

碱性物质在卫生清洁中的使用

　　我们身边最常见的碱性水溶液，应该就是肥皂水了吧。不仅可用于洗手的香皂是碱性的，还有一些合成洗涤剂，如洗衣液、清洁厨房用品的洗涤剂、牙膏、洗发水等，也基本都是碱性的呢。最近，有一些新的洗涤用品，像洗手液啦，沐浴露啦，上面会标注"弱酸性"的字样，它们就不是碱性的了。

强碱性有将蛋白质溶解的功效。管道疏通剂，就是利用这一性质将堵塞在管道中的毛发溶解掉，使管道干净畅通的。但是，如果将强碱性物质沾到皮肤上，那就非常危险了。所以，把它们放入水中进行实验的时候，一定要戴橡胶或者塑料手套啊。还有，为了避免飞溅的液体进入眼睛，请戴上防护眼镜吧。

碱性物质在烹饪中的使用

在我们的食品和饮料中，酸性和中性的东西占绝大多数。因为碱性物质多数都有点苦味，所以，想要将其当作食品和饮料入口，还是挺困难的。可是，做饭的时候就有可以使用的碱性东西，那就是小苏打了。它呈白色的粉末状，学名是碳酸氢钠。把一点点小苏打放入水里，水就可以呈现出弱碱性了。

做蛋糕的时候，我们会用到食用膨松剂，它的主要成分就是小苏打。小苏打经过加热之后，会产生二氧化碳气体。蛋糕中的这种气体，会从内部使蛋糕变大而松软。小苏打还可以去除薇（wēi）菜和蕨（jué）菜中的苦味。在煮豆子的时候使用小苏打，它可以让豆子变得柔软而丰满呢。小苏打被加热以后会变成碳酸钠，这和小苏打就不同了，碳酸钠遇水溶解以后会表现出更强的碱性。因为做蛋糕和煮豆子都是需要加热的，所以如果放入过多小苏打的话，做出来的蛋糕和豆子就会有很苦的碱味呢。烹饪的时候，我们要多注意哦。

碱性物质在药物中的使用

酸性的东西和碱性的东西如果混合在一起的话，酸碱性都会减弱。利用这一性质研制的胃药（含碱性成分），可以将胃里面过多的胃酸中和掉。还有，缓解蚊虫叮咬痛痒的药物，也有以碱性的氨水作为主要成分的。

都说吃甜食以后会形成蛀牙，这是因为导致虫牙的变形链球菌分解了糖分以后，会使口腔变成酸性环境，然后进一步分解掉覆盖在牙齿表面的牙釉质，这时候蛀牙就形成了。唾液是弱碱性的，可以帮我们中和一部分口腔中的酸性水溶液，防止蛀牙的产生。

碱性，原来一直在一些不起眼的地方，默默地支持着我们的生活呢。还有没有其他的碱性水溶液呢？让我们多多去发现，多多去观察吧。

（相马惠子）

可以将菜刀溶解掉的神奇温泉

铁会在强酸的水溶液中溶解掉

把铁片放入盐酸中，铁片会一边冒着泡，一边溶解变小。强酸的水溶液具有可以溶解大多数金属的性质，而且酸性越强，温度越高，其腐蚀能力就越强。所以，即便是又沉又硬的菜刀，一旦被放入浓度和温度都很高的强酸性水溶液中，也会消失得无影无踪呢。

可以将菜刀溶解掉的神奇温泉

如果我说将菜刀浸入某一温泉的水中且一直放在那里的话，菜刀会慢慢溶解掉，你相信吗？在日本，真的存在这样神奇的温泉哟——水从地下喷涌而出，它和没有稀释过的盐酸一样具有强酸性。这个地方就是玉川温泉。乘坐秋田新干

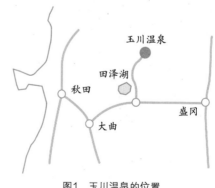

图1 玉川温泉的位置

线，在田泽湖车站下车以后改乘巴士，大概经过90分钟的车程便可以到达了。一下车就可以闻到空气中浓浓的和臭鸡蛋味道相似的硫黄味。玉川温泉位于岩手县和秋田县交界处附近的八幡平休眠火山区域，如果远望泉水涌出地的周边，可以看到很多黄色的硫黄。

玉川温泉的特征

玉川温泉中心的泉水高达98 ℃，每分钟的涌出量可以达到9000 L。很多的温泉水集合在一起，就好像河流汇合一样。这个温泉属于强酸性硫黄泉，含强酸性的水。玉川温泉所流淌出的热水，可以使浸入其中的长30 cm的菜刀表面变成黑色，同时冒出很多小气泡。大约8个小时以后，你就只能见到菜刀的木制刀柄了，其他部分已经全部溶解。菜刀之所以会溶解得这么快，是因为有新的温泉水不断流入，温度一直很高。

玉川温泉的汤池，分为没有经过稀释的和用水稀释过的两种。泡在没有经过稀释的汤池里，皮肤会感到阵阵的刺痛。但是，它的杀菌效果却很好，比较适合治疗皮肤病和一些胃肠疾病。有的人甚至会在1周到1个月的时间里，天天来这个温泉泡澡治病呢。

鱼类灭绝了的田泽湖

在玉川温泉的附近，有一个名叫田泽湖的湖泊。田泽湖的湖水十分美丽，里面曾经生长着属于鲑科的一种鳟鱼——现在已经灭绝了（2010年，有报道称在富士五湖之一的西湖中，疑似有这种鳟鱼出没）。为什么这种鳟鱼会灭绝呢？1940年，受到玉川温泉的影响，周边很多地方的农作物无法继续生长，后来玉川温泉的一部分和田泽湖连通了，由于长期有强酸性的泉水流入田泽湖中，所以湖水渐渐被酸化，之后鱼类就全部灭绝了。现在，人们在玉川温泉到田泽湖这一段的上游安装了可以中和酸性泉水的设备（让玉川温泉的酸性泉水和碱性的石灰石发生反应），使泉水的酸性降低，因此田泽湖里又可以钓到鱼了呢。

进行河水中和处理的吾妻川

在日本的关东地区，从群马县草津白根火山附近流出来的吾妻川，也非常知名呢。吾妻川里面流淌的水也具有强酸性，不仅鱼类无法在其中生存，连周边的农作物也无法生长。当地人利用石灰石粉末制成石灰乳，然后倒入河里，起到中和的作用。因为日本的石灰石资源十分丰富，所以一般中和设备中都会大量利用到石灰石。

（横须贺 笃）

图2　吾妻川的位置

酸雨

天上会下碳酸水？

你们喝过加了食用香精等的碳酸水（即汽水）吗？因为碳酸水是呈酸性的水溶液，所以味道会有点酸酸的呢。

酸雨，是比碳酸水的酸性还要强的雨水。它的pH小于5.6。为什么它的酸性会比碳酸水还要强呢？让我们把中性的水放到烧杯里面静置一段时间，你就会明白了。几天后，本来是中性的水，溶解了空气中的二氧化碳等气体，就呈现出弱酸性了。

天上下的普通雨水里面一般都溶有二氧化碳，所以常常呈弱酸性。如果雨水里再溶入空气中的其他污染物质的话，那么其酸性就会增强，此时形成的强酸性雨水就是酸雨了。类似的，若下的是雪，那么就叫作酸雪；若形成的是雾，那就是酸雾。

形成酸雨的主要物质

酸雨的形成，主要是由化学物质引起的大气污染所导致的。工业生产排放的烟尘、废气和汽车尾气中，有直径在千分之一毫米大小的可以促进酸雨形成的小颗粒以及直接参与酸雨形成的二氧化硫等气体。这些物质混入空气中可以被风吹到很远的地方，经过太阳照射后会发生化学变化，之后如果夹到雨、雪中就会使雨、雪具有像硝酸和硫酸那么强的酸性。当其作为强酸性的雨降下来时，就形成了酸雨。

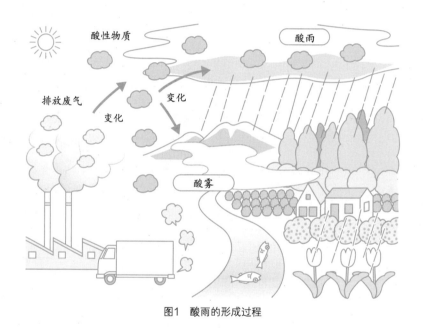

图1　酸雨的形成过程

从牵牛花的颜色可以判断出淋的雨水是否是酸雨

利用我们身边的牵牛花，可以判断出下的雨是不是酸雨。试着在牵牛花上滴一些柠檬汁之类的酸性汁液，观察一下，你会发现滴上液体的地方变白了。这其实是牵牛花中含有的花青素变成了白色。同样的，酸雨淋到牵牛花上，花的表面也会出现很多稀稀落落的白色斑点。所以，我们可以通过这一现象进行判断。仔细到户外观察一下，你们身边的牵牛花，有没有变白的呢？

起初被误认为仅仅是一国灾害的酸雨问题

首次明确提出酸雨属于自然灾害的，是瑞典的科学家欧登。二战之后的瑞典，出现了不给农作物施肥，农作物也可以长得很好的奇怪现象。当时，农民们不知道是怎么回事，还以为是上天的恩赐，十分高兴。可是到了20世纪50年代，瑞典北部的森林开始枯萎，湖泊和沼泽中的鱼儿也相继消失了。这是什么原因造成的呢？其实罪魁祸首就是酸雨。

起初，人们认为酸雨仅仅是发生在一个国家范围之内的灾害问题。但是当时的瑞典，工厂很少，发电也几乎是以水力发电为主，为什么会形成酸雨，成了一个不解之谜。之后，科学家欧登扩大了自己的研究范围，调查了附近几个国家有降酸雨的地方。最终，他发现了谜底——工业化迅猛发展，工厂数量大幅增多的德国和英国，其空气中的化学物质飘散到了瑞典，导致瑞典出现了酸雨。

之后，在1972年瑞典斯德哥尔摩召开的国际会议上，这个问题才第一次在国际场合被提出，欧登首次向世界各国报告了酸雨形成的危害。

形成酸雨的化学物质，是可以随空气跨越国境飘散到周边国家的。酸雨问题，已经不是一个国家靠自己就可以解决的问题了，它需要世界各国一起来认真对待。

（加藤一义）

是谁在铜像上刻了条纹图案？

铜像上有很多白色条纹

在东京上野的国立西洋美术馆的庭院里，立着艺术家罗丹的一个青铜像作品。

青铜，是铜和锡的合金，常被人们用于铸造各种铜器、铜像。在本文中，我们将青铜像简称为铜像。下面，让我们好好地观察一下这尊铜像吧。大家可以看到铜像上有很多从上往下的白

图1　铜像上有很多条纹

色条纹，它们看上去似乎是在向下流动。

为什么铜像上会有白色条纹图案呢？

室内的铜像没有条纹，而室外的却有，这和下雨是不是有着什么联系呢？分析得出结果，白色条纹是雨水留下的痕迹。

为什么用金属材料做成的铜像上面会有雨水留下的痕迹呢？6年级的小朋友们，应该已经学习过把铁放入盐酸里，铁会一边冒着泡一边溶解吧。更简单的实验也有，拿出一枚10日元的旧硬币，往硬币上滴点柠檬汁或者沙司之类的，过一会儿擦除硬币表面的污垢（氧化铜），它就变成一枚闪闪发亮的硬币了。酸性水溶液具有可以将金属和金属表面的污垢溶解的能力呢。

雨水变成酸性的了

铜像上有雨水留下的痕迹，是因为雨水变成酸性的了。"铜像的表面接触到空气被氧化→酸雨将污渍除去→铜像里的材质暴露在外→暴露的材质接触到空气继续被氧化"，像这样的过程反复发生，白色条纹图案就形成了。

雨水是呈酸性的

6年级的小朋友应该已经学习过碳酸溶液是呈酸性的吧。二氧化碳溶解在水中时，水会呈现出弱酸性。想一下，空气中有哪些气体呢？除了氮气和氧气，还有二氧化碳等。雨水本来应该是中性的，从天上降下来的时候遇到空气中的二氧化碳，二氧化碳溶解在雨水里，雨水就会显示出弱酸性。酸雨，是酸性更强的雨。只有pH小于5.6的雨水，才能叫作酸雨。

酸雨中含有什么？

溶解有二氧化碳的弱酸性雨，过去也在下，但是并没有产生什么巨大的危害。直到酸雨出现，它带来的危害非常严重，这才引起了人们的注意。酸雨造成的危害，不仅仅是铜像上留下雨水的痕迹这么简单，它还会腐蚀建筑物，使树木干枯而死等。

是什么东西溶解在雨中以至于形成了强酸性的酸雨呢？这些东西以前是很少见的，现在却很多，它们就是工厂排放的烟尘、废气和汽车的尾气。燃烧石油、煤炭等化石燃料时会产生像二氧化硫一类的有毒气体，它们溶解在雨水中，经过一系列变化就形成了强酸性的雨。

图2　酸雨形成示意图

防止酸雨的发生

为了防止酸雨的发生，要去除石油、煤炭中含有的硫，使气体净化之后再向外排出。希望在你们之中也可以产生技术人员，发明出可以使废气变得更加清洁的新技术。

（横须贺　笃）

盐是怎样制造出来的？

大家有没有听过"送敌以盐"这个日本谚语呢？它讲述了日本战国时代的名将上杉谦信，看到对手武田信玄（同为战国名将）为没有盐而困扰，于是出手相助，给对手送盐的故事。和这个谚语中描述的一样，盐是人类生存的必需品。那么，盐是怎样制造出来的呢？

日本制盐的方法

舔一下海水的话，你会觉得很咸吧。海水中是含有大量盐分的，因此如果把海水蒸发掉的话，盐就出来了。

取一滴食盐水滴到载玻片上，用酒精灯加热。水分蒸发以后，载玻片上就留下了盐。

你们一定会觉得，被大海包围的日本，制盐应该非常容易吧。实际上，制盐并不是想象中那么简单呢。

日本的雨水很多，土地面积狭小，单纯依靠太阳的光照来蒸发水分是不可能的。人们制盐的时候，要使用很多的燃料，蒸发掉很多水才行。

古代人们集结智慧，制出了日本最古老的盐——灰盐（日语中的叫法）。通过燃烧海藻得到含有盐分的灰烬，然后把灰烬直接当作盐来使用。后来，人们不再燃烧海藻，而是直接用阳光将其晒干，再把海水浇到海藻上，让海水的盐分变得更浓，然后利用陶器把浓海水烧干制得食盐。这就是烧制藻盐的方法。

图1　把海水浇到海藻上

从平安时代开始，盐田制盐的方法逐步普及。在黏土板上放上沙子，再倒上海水，让海水蒸发，然后收集混有盐的沙子放到海水中溶解，之后再煮干。这种方法，随着制盐技术的不断改良和进步，到1971年就不再被使用了。

现在人们制盐，是将海水过滤之后，使用一种叫作离子交换膜的装置制造出高于海水盐度6倍的食盐水，然后将食盐水放入真空蒸发装置中蒸干，从而得到非常纯净的盐。

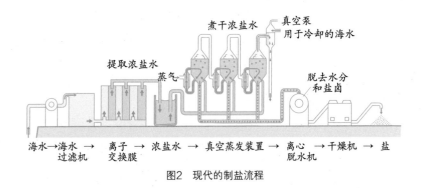

图2　现代的制盐流程

其他国家的制盐方法

世界上有一些很少下雨的地方。在这些地方，人们会在大海附近比较开阔的地上修造池子，积存海水，利用太阳的光照，花费两年以上的时间来提取盐的晶体。

其他的地方，还有从咸水湖和岩盐中提取食盐的方法。

随着海陆的变迁，海水被封闭到陆地上，就形成了咸水湖。在雨水少的地区，干季的时候，湖里的水分会自然蒸发，就出现了盐的晶体。

咸水湖里的盐分，经历漫长的岁月在地下变成岩石状态，它的结晶就是岩盐了。挖掘地下的岩盐，可以直接采出盐来。把挖出来的岩盐先放到水里溶解，撇除土和杂质之后煮干，食盐就产生了。另外，挖一口井，往井里注入水，然后将岩盐溶解在其中，再从井里把盐水打上来煮干，这种方法也在使用。

（加藤一义）

海水为什么是咸的？

海水是咸的

去过海边浴场的人，应该都知道海水是咸的吧？海水进入眼睛里，会有刺痛的感觉。大海，有河流注入，有雨水浇淋。不管是河水还是雨水，它们都不是咸的，而海水却是咸的，这说明海水的咸度应该跟河水、雨水没有什么关系。那

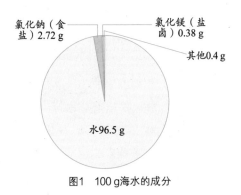

氯化钠（食盐）2.72 g

氯化镁（盐卤）0.38 g

其他0.4 g

水96.5 g

图1　100 g海水的成分

么，海水为什么会是咸的呢？让我们一起来看一下海水的成分吧。

※盐：食盐的主要成分是氯化钠。将海水煮干的话，除了有氯化钠，还会出现氯化镁等各种物质。我们在本文中提到的所有盐都视为氯化钠。

112

海水的含盐量

海水里溶解有很多盐。大家有没有在书和电视上见过制盐的场景呢？除了利用太阳光将海水蒸发来提取盐，还可以通过打碎地下深处的岩盐来提取盐。

1 kg海水蒸发后，可以得到大约35 g盐。地球上有那么多海水，溶解的盐量相当大呢。这些盐都是从哪里来的呢？

46亿年的地球历史

据说，地球是46亿年前诞生的。飘在宇宙中的小行星聚集在一起就形成了地球。刚刚诞生的地球，是一颗没有氧气也没有水的行星，它的表面和月球表面差不多。过了一段时间后，火山爆发，天上有了云朵，开始下雨了。地球表面积聚的水中溶解有大量的从地球内部喷涌出来的氯化氢气体。这种气体溶于水就形成了盐酸，而盐酸具有可以溶解金属的强酸性。覆盖在地球表面的岩石和溶解有这种气体的水溶液接触后，水溶液的酸性就被弱化了。之后，地球形成时产生的大量二氧化碳气体也溶解在水中，物质间相互影响，发生作用，盐就这样产生了。

海水不会变得更咸了吗?

通过研究古老的地层，科学家发现，原来30亿年前的海水浓度和现在的海水浓度是一样的。也就是说，30亿年里，海水中盐的浓度没有变化。

浓度没有变化的原因，其一是海水已经掺杂在一起了。地球上的海水每四千年循环一次。感觉四千年已经是相当长的时间了，可是和地球上海水存在的几十亿年相比较，真是太短了。

其二是，海水和地球表面的岩石发生反应，存在可以使盐的浓度一直保持在一定数值的原理。

人没有盐的话是不能够生存的。为了感谢地球母亲的巧妙安排，我们应该好好利用盐。

（横须贺　笃）

二氧化碳的质量大，所以地面附近会有很多二氧化碳？

　　干燥后的空气，大约是由体积分数为78%的氮气、21%的氧气和1%的其他气体组成的。在其他气体中，稀有气体占绝大多数，二氧化碳仅占0.03%的比例。

　　在体积相同的情况下，氮气、氧气、二氧化碳中，质量最大的要数二氧化碳。

氧气21%

氮气78%

稀有气体0.94%
二氧化碳0.03%
其他微量气体

图1　空气的成分（体积分数）

那么，是不是二氧化碳的质量大，地面附近就会有很多二氧化碳，而山顶上却很少呢？

　　包围着地球的空气叫作大气层。在距离地面30000 km的高空也有非常稀薄的空气，我们这里想聊的是存在于大气层里面，距离地面约50 km以内的气体。我们把距离地面约10 km以内的部分叫作对流层。在这里，受热之后变轻的空气会上升，冷却之后变重的空气会下降，上下的空气会混合在一起。说到10 km，世界第一高峰——喜马拉雅山的珠穆朗玛峰，其海拔快要和这个高度差不多了。

对流层往上，一直到距离地面约50 km的高度范围，属于平流层。平流层里，上热下冷，上下的空气很少混合在一起。

刚才说了，在对流层中上下的空气经常混合在一起，越往高处走，空气越稀薄。但是，空气中所含有的气体的比例是不会发生变化的。那么，上下的空气很少混合在一起的平流层，情况如何呢？

在平流层里面，二氧化碳所占的比例也没有发生变化。虽然平流层不像对流层那样短时间内发生上下空气混合的情况，

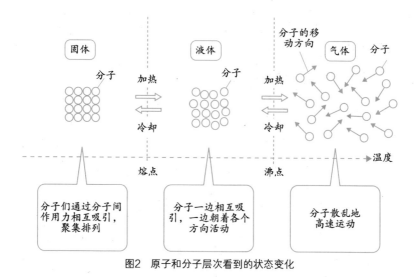

图2　原子和分子层次看到的状态变化

但它里面的空气实际上也在混合，不过是以年为单位而发生的。

平流层再往上，一直到距离地面约80 km的高度范围，属于中间层。那里的空气中，二氧化碳的比例还是一样的。

气体是由一个一个零散的分子组合而成的，飘来飘去，所以容易混合在一起。

洼地里会聚集二氧化碳吗?

地底下也有可以涌出二氧化碳的地方。如果那个地方是洼地，二氧化碳扩散起来就非常困难。在那里，高浓度的二氧化碳会聚集起来。即使和周边的空气混合在一起，因为下面还会源源不断地产生新的二氧化碳，所以二氧化碳的占比一直会很高。

在那样的地方，氧气是不足的，人类进入的话就会晕厥，甚至死亡，所以要特别注意。

（左卷健男）

在氧气和二氧化碳各占一半的混合气体中，蜡烛会继续燃烧吗？

将燃着的蜡烛放入氧气或二氧化碳中

把已经在空气中点燃了的蜡烛放入只有氧气的瓶子里，会发生什么呢？

蜡烛的火苗变得明亮而耀眼。可以看出，与在空气中燃烧时相比，蜡烛在氧气中燃烧得更加激烈。

等蜡烛燃烧过后，往瓶子里倒入一些石灰水，石灰水变成了白色的浑浊状态。这是因为，蜡烛燃烧后瓶子里面产生了二氧化碳。

我们继续实验，将已经在空气中点燃了的蜡烛放入只有二氧化碳的瓶子里，再来观察一下。只见，蜡烛的火苗瞬间就熄灭了。

将燃着的蜡烛放入氧气和二氧化碳各占一半的混合气体中

燃着的蜡烛在氧气中比在空气中燃烧得更为激烈。

燃着的蜡烛在二氧化碳气体中会立即熄灭。

如果将燃着的蜡烛放入氧气和二氧化碳各占一半的混合气

体中，那么比起在空气中，此时蜡烛的燃烧会发生怎样的变化呢？在空气中，氧气的体积分数约是21%，而在这个瓶子中，氧气的体积分数可以达到50%。

大家可以从下面几个选项中选出自己预想的结果。

A. 燃烧得更好

B. 几乎不变

C. 燃烧得差一些

D. 熄灭

往瓶子中加入满满的水，用量筒来测量一下这些水的体积，就可以知道瓶子的容积了。从量筒中取出瓶子容积一半的水，倒回瓶子里，用油性水彩笔在水面对应的瓶体位置做一个记号，或者用橡皮筋套在水面对应的瓶体处。

把瓶子里装满水，然后倒置在水槽的水中。为了在倒置的过程中不让水流出，要一边堵住瓶口，一边操作。

向瓶子里先注入一半的氧气，然后注入一半的二氧化碳。这样，瓶子就正好充满了气体。

在瓶口处盖上盖子，把瓶子从水里取出来，正放于桌面。把盖子微微地开一个小口，放入塑料片或金属碎片，再盖好盖子，摇晃瓶身。这样，氧气和二氧化碳就均匀地混合在一起了。这时，把燃着的蜡烛放入瓶子中。

我们可以看到，和在空气中燃烧时相比，此时蜡烛燃烧得更好，其火焰耀眼得多。

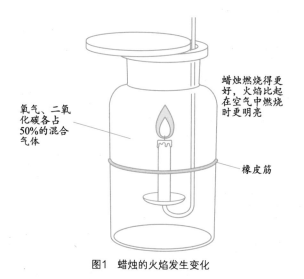

氧气、二氧化碳各占50%的混合气体

蜡烛燃烧得更好，火焰比起在空气中燃烧时更明亮

橡皮筋

图1　蜡烛的火焰发生变化

二氧化碳不能削减氧气的作用

空气中，体积分数最大的气体是氮气，约占空气体积的78%。如果将燃着的蜡烛放入只有氮气的瓶子中，蜡烛会像放入二氧化碳中一样熄灭。

蜡烛在空气中是靠着体积分数为21%的氧气燃烧的。无论是氮气，还是二氧化碳，它们都是无法支持蜡烛燃烧的气体。这不由得让人觉得二氧化碳的存在会削减氧气的作用。实际上，蜡烛只是在二氧化碳或氮气中不能燃烧而已，当氧气和二氧化碳各占一半的时候，氧气的体积分数要远远高于它在空气中所占的比例，因此，蜡烛的燃烧也会比在空气中更激烈呢。

（左卷健男）

只要有氧气，蜡烛就会燃烧吗？

想要物质燃烧，氧气是必需的

蜡烛在空气中燃烧的时候，会变得越来越短。直到全部燃尽了，它才会熄灭。那是因为，空气中有源源不断的氧气来帮助蜡烛燃烧。如果我们把燃着的蜡烛放入集气瓶中，然后再用玻璃片把集气瓶盖上，会发生什么呢？蜡烛的火焰会逐渐熄灭。火焰熄灭，可能是因为集气瓶中没有氧气了吧。

检测集气瓶里氧气的含量

当蜡烛熄灭后，将蜡烛从盖着玻璃片的集气瓶中取出来，使用气体检测仪测量一下瓶子里面的氧气含量。氧气会不会一点儿也没剩呢？检测的结果是，瓶中还有16%的氧气。空气中氧气的体积分数大约是21%，现在只减少了5%，还剩下这么多氧气，怎么蜡烛就熄灭了呢？

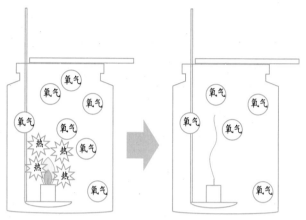

图1　蜡烛逐渐熄灭了

是谁将蜡烛的火焰熄灭了？

往燃烧过蜡烛的集气瓶中倒入石灰水，我们发现石灰水变浑浊了。在还未放入蜡烛的集气瓶中倒入石灰水，石灰水不会变浑浊，而现在石灰水却变浑浊了，说明燃烧后集气瓶中二氧化碳的含量增加了。接下来，我们分别测量了燃烧之前和燃烧之后集气瓶中二氧化碳的含量，发现燃烧之后二氧化碳的含量竟然增加了100多倍。难道说，是这些二氧化碳将蜡烛的火焰熄灭了吗？

很遗憾的是，虽然二氧化碳不支持蜡烛燃烧，但熄灭蜡烛的不是这些二氧化碳。要做什么样的实验可以证明这个结论呢？让我们好好思考一下吧。

空气中氧气所占的比例是定好了的

往集气瓶中注入氧气，然后把刚刚点燃的线香放入集气瓶，线香剧烈燃烧，放出火焰。如果空气中的氧气含量升高的话，物质也会在空气中剧烈地燃烧。

燃烧，原本就是物质一边和氧气接触，一边发出强烈的光和热。想要燃烧的话，光有氧气不行，还需要有热（译者注：温度需要达到可燃物的着火点），所以一开始需要通过点火来提高蜡烛的温度。一旦蜡烛开始燃烧，之后就可以利用其燃烧时产生的热量维持燃烧了。

想要有维持燃烧的热，就需要充足的氧气。如果氧气的体积分数不足16%，那么蜡烛就不可能释放出足够的维持自身燃烧的热。我们把点燃的蜡烛放进集气瓶中后，蜡烛一边燃烧一边使用着周围的氧气，氧气所占的比例也就越来越小了。当空气里氧气的比例降到16%以下时，温度会下降，火焰就熄灭了。再举一个例子，铁暴露在潮湿的空气中时不会发光，只是安静地和氧气、水蒸气结合在一起生出铁锈。这不是燃烧（译者注：仅仅是缓慢氧化），所以不需要高温。在空气中的氧气没有完全消失以前，铁会一直和氧气、水蒸气待在一起，持续生锈。

（相马惠子）

怎样才能使蜡烛燃烧？

蜡烛的结构

无论是在日本，还是在其他国家，蜡烛都是被当作照明工具来使用的。蜡烛的结构很简单，是由充当燃料的蜡和芯两部分组成的。现在的蜡烛主要用从石油中提取出来的石蜡作燃料，过去的蜡烛则是从一种叫乌桕（jiù）的植物的果实中提取成分作燃料的。还有，从蜂巢中得到的蜂蜡也可以做成蜡烛的主体呢。

充当燃料的蜡可以直接燃烧吗？

从蜡烛上削一些蜡的碎片下来，用镊子将碎片夹住放到火焰上灼烧，这些碎片会燃烧起来吗？真正实验过后你会发现，蜡的碎片并没有燃烧起来，而是熔化成了黏糊糊的液体。

接下来，我们把蜡烛（去掉芯）装进试管中，长度以达到试管中部为宜，然后用小火给试管加热。一眨眼的工

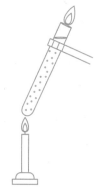

图1 蜡烛的气体燃烧了

夫，试管里的蜡就熔化成液体了。继续加热，可以看到试管口的位置开始冒出白烟。这些白烟一靠近试管口附近的火焰，便燃起了火苗。这说明，想要让蜡燃烧，先要让蜡变成气体才行。

※这个实验是相当危险的，只能由老师来操作，大家观看就好。千万不要自己去操作！

芯的作用

那么，蜡烛的芯又有什么作用呢？让我们来观察一下燃烧中的蜡烛的芯吧。我们发现，蜡会熔化成液体。在熔化了的蜡的周围，撒上一些带有颜色的粉末。之后，你可以看到，带有颜色的粉末会被蜡烛的芯吸引住。这说明，在火焰中熔化了的蜡，会聚合在芯的周围继续被使用。

下面，用镊子使劲儿地夹住蜡烛的芯，你们觉得蜡烛的火焰会发生怎样的变化？啊，蜡烛的火焰熄灭了。用镊子夹住芯，粉末就不能移动了，熔化的蜡也不再流动了。从这一实验，我们可以明确地得出一个结论——芯有着搬运蜡，使蜡移动的作用。

把燃烧中的蜡烛吹灭

我们试着把蜡烛吹灭，观察一下。吹灭了的蜡烛，芯上会飘出白烟。蜡熔化之后会重新聚集到芯的周围，芯的顶端会有气体产生。我们可以试一下，吹灭蜡烛后，马上点燃一根火柴放到冒出白烟的地方。你会看到，火柴的火焰好像被什么吸附住一样，在不停摇曳，之后，蜡烛又被重新点燃了。

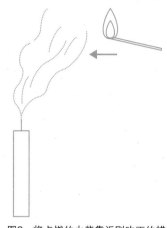

图2　将点燃的火柴靠近刚吹灭的蜡烛冒出的白烟，蜡烛重新开始燃烧

试着引出蜡的气体

　　下面介绍一种在燃烧着的蜡烛侧面再点燃一处火焰的方法。先准备一支长度大约5 cm的玻璃管，把这支玻璃管插到蜡烛火焰下面一点的位置上。这时，我们可以看到，玻璃管的头部开始冒出白色气体。随后，点燃一根火柴放到白色气体的附近，这里的蜡就开始以微弱的火焰燃烧起来了。

　　想让蜡烛燃烧，有着各种各样的小技巧呢。

（横须贺　笃）

七厘炭炉的使用方法

七厘炭炉究竟是个什么工具?

大家听说过七厘炭炉吗？它的高度和直径均在20 cm左右，它有着类似人皮肤的颜色和筒状的外观。向里面放入炭火，便可以烤一烤鱼啦，烧一烧水之类的，是烹饪的时候会用到的工具。在很久很久以前，这种炭炉几乎是家家都有的

图1　七厘炭炉

普通工具呢，据说当时大约用七厘钱就可以买回来做饭，因此叫作七厘炭炉。这个炭炉怎么使用呢？我们先来了解一下物质燃烧的条件，然后再学习一下炭炉的使用方法吧。

物质燃烧的必要条件

物质想要燃烧，除了自身必须是可燃物，还有两个必要条件。

1. 要有空气

物质燃烧需要空气（准确的说法是含有一定比例氧气的空

气）。如果燃烧的地方没有间隙，空气不能接触到的话，火就会熄灭。

2．可燃物要达到一定的温度

我们用手指触摸一下火柴头，火柴头是不会着火的。但是，如果让阳光透过放大镜集中照射火柴头的话，火柴就会被点着。或者让火柴头与烧热的平底锅摩擦，火柴也会被点燃。物质达到了一定的温度才会起火，我们把物质开始燃烧所需的最低温度称为燃点（也叫作着火点）。如果不把想要点燃的东西加热到一定温度的话，它是不会燃烧的。

七厘炭炉的生火方法

1．准备物品

柴火（细细的树枝）、报纸、火柴、炭、团扇、炭夹、灭火罐、用来灭火的装有水的水桶。

2．生炭火

把炭点燃，叫作生炭火。炭，就算用火加热，它也不会像纸燃烧那样放出火焰。

（1）七厘炭炉的底部有一个可以掸灰的网，在网上放入搓揉好的报纸，再在报纸上架上一些柴火，给柴火之间留够间隙，让空气可以在里面流通。

（2）放入的柴火大概到炭炉的一半。将报纸点燃，报纸燃烧产生的热量会逐渐传递到柴火上，过一会儿柴火也开始燃烧了。

（3）等到柴火充分燃烧起来之后，再把炭放进去。为了让空气能够流通，注意不要放入太多的炭。柴火燃烧的时候会有很多烟冒出来，等到柴火燃尽了，炭开始燃烧了，烟就会消失。

（4）要看着火的大小。如果觉得火太大，就把炭炉下面的空气导入口调小一些，减少空气的进入量。饭做好以后，如果炭还在燃烧的话，就把炭转移到灭火罐里面。灭火罐里空气进不来，所以能够将炭火熄灭。

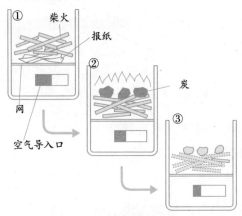

图2　七厘炭炉的生火方法

　　※用七厘炭炉生炭火的时候，因为要使用到火，所以务必在大人的陪同下进行。

（横须贺　笃）

火箭在宇宙中是怎样使燃料燃烧的？

飞向宇宙的火箭

2010年，在结束了长达7年的旅程之后，小行星探测器"隼（sǔn）鸟"成功地将糸（mì）川小行星表面的物质带回了地球。把小行星探测器"隼鸟"带到宇宙的，是日本的M-V运载火箭。下面，我们来介绍一下火箭是怎样使燃料进行燃烧的。

物质燃烧时所必需的东西

物质燃烧，通常指的是可燃物和含有氧气的空气结合在一起，产生的剧烈的发光发热现象。我们以气体燃烧器为例来一起思考一下吧。气体燃烧器，是以天然气或者丙烷作为燃料的。燃料气体和氧气结合在一起，才可以燃烧呢。

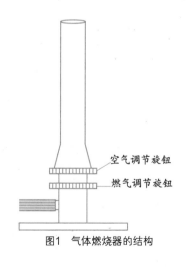

空气调节旋钮

燃气调节旋钮

图1　气体燃烧器的结构

火箭点火时必需的东西只有燃料吗?

发射火箭的时候，必须使燃料充分地燃烧，以提高喷射力度。空气中的氧气是必不可少的。到了宇宙中周围没有氧气，要是此时有必须给火箭点火的情况，也是需要用到氧气的。从地面发射而起冲向高空的火箭，它的喷口非常明亮耀眼，那就是利用氧气使燃料剧烈燃烧而产生的光芒。

从结构上观察两种火箭

根据燃料状态的不同，火箭可以大致分为两种类型。

第一种用的是固体粉末状燃料和氧化剂，这经常用在小型火箭和导弹中。燃料和氧化剂的混合物会事先放进罐里，这样可以把火箭提前保管起来，需要使用它的时候就可以立即拿出来使用了。

第二种是需要强大动力支撑的火箭，一般以液态氢为燃料，和液态氧组合在一起使用。液态氢和液态氧，都是在非常低温的情况下形成的液体，一般会在临近火箭发射的时候才装进罐里。

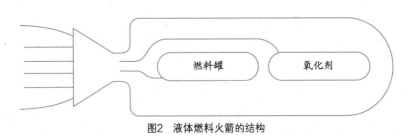

图2　液体燃料火箭的结构

令日本自豪的H-ⅡA运载火箭

令日本感到自豪的，是发射人造卫星时所使用的火箭——H-ⅡA运载火箭。它的全长大约是53 m，直径有4 m，发射时的总重量可以达到290 t。这在当时的世界上也是屈指可数的大型运载火箭了呢。

这支火箭的主发动机，使用的是液态氧和液态氢。另外，还配有使用固体燃料的火箭助推器。它们组合在一起成为二级火箭。这种火箭的运载能力是非常强的。对于高度较小的轨道，它可以发射重达10 t的卫星上去；对于高度较大的轨道，它也可以发射重2 t的卫星上去呢。还有啊，它可以再加入2枚或4枚助推器，完全可以根据发射的目的进行调整。

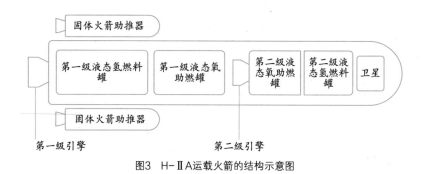

图3　H-ⅡA运载火箭的结构示意图

（横须贺　笃）

灭火器的作用（物质燃烧的条件）

点火和灭火

人类和动物在饮食上的区别，就在于人类是需要将食物加热来食用的。过去，山林失火的时候，很多动物会死于火中。人们发现熟了的肉原来比生肉更好吃呀，于是就开始掌握生火的方法，一直运用到现在了。那么，想让物质燃烧需要哪些条件呢？让我们一起来看看吧。

想让物质持续燃烧的话……

想让物质持续燃烧，需要哪些条件呢？我们拿纸和树枝作为例子，思考一下吧。

1. 要有可燃物

空气中含有氧气，物质燃烧的时候会和氧气结合在一起，发出光和热。点燃一根蜡烛，我们发现蜡烛是会燃烧的，但是它不会把火焰传给空气——空气不会燃烧。这说明，燃烧要有可燃物才行。

2．要有空气（氧气）

有了可燃物，如果没有空气（氧气）的话，也不能够燃烧。给火箭携带好充足的氧气，即便它飞到空气稀薄的高空或者进入完全没有空气的宇宙中，也是可以继续燃烧燃料飞行的呢。

3．需要高温

把纸放到燃着的火柴上，纸会被点燃，然而把树枝放到同样燃着的火柴上，树枝却不会燃烧。这是因为树枝太粗了，火柴的火力太弱了，不能使树枝的温度达到一定的程度（着火点）。炸天妇罗时要用食物油，如果我们注意调节火的大小，油是不会燃烧的。但是，如果我们开着大火忘记关掉，不一会儿油温达到一定高度就会产生火焰，油就燃烧起来了。容易引起厨房火灾的物质之一，就是烹炸天妇罗等时使用的食物油。

怎样才能灭火呢？

想要灭火的话，只要把维持燃烧的其中一个条件破坏掉就可以了。

1．要有空气（氧气）→隔绝空气（氧气）

炸天妇罗时用油不慎导致了起火，只要用浸湿的毛巾把锅覆盖上，就可以灭火。这样做能灭火，主要是因为燃烧的油无法接触到周围的空气了。

2．需要高温→使温度降低到着火点以下

想要把燃着的烟头熄灭，只需要把烟头使劲儿地往烟灰缸里面按压就行，这样做既可以让空气无法接触到烟头，又可以使烟头降温。往火焰上泼水，水蒸发时要吸收大量的热，使可燃物的温度降到着火点以下，同时水的密度大于空气的密度，会附着在可燃物的表面，起到隔绝空气的作用，从而达到灭火的目的。

灭火器的结构

灭火器是用以下两种原理来灭火的。

A．不让燃烧的物质再接触到空气

B．降温

从灭火器中喷射出的灭火剂会覆盖到火焰上，使可燃物无法接触到空气，从而灭火。有些灭火剂还能降低可燃物的温度，如二氧化碳灭火器。

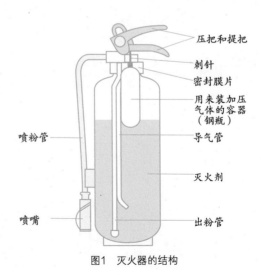

压把和提把
刺针
密封膜片
用来装加压气体的容器（钢瓶）
喷粉管
导气管
灭火剂
喷嘴
出粉管

图1　灭火器的结构

按驱动灭火剂的动力来源分类，灭火器可分为储气瓶式、储压式和化学反应式三类。其中具有代表性的是储压式灭火器——按压控制杆，装有加压气体的储气瓶喷口就会张开，借助气体的喷射力量就可以把灭火剂带出去。

　　按所充装的灭火剂分类，灭火器又可分为泡沫灭火器、干粉灭火器、二氧化碳灭火器等。干粉灭火器是最常用的一种储压式灭火器。不过，使用干粉灭火器的时候，四周会被污染，所以二氧化碳灭火器也经常被人们使用。如果不想周围留下不好清洁的污染物，又想避免在火灾中触电的话，就可以使用这种二氧化碳灭火器。

（横须贺　笃）

什么是锈？

你们是不是有过把自行车一直放在室外，结果自行车的把手和链条生锈了的经历呢？像自行车的把手和链条这类用铁做的东西，如果使用不当的话，是会生锈的呢。如果继续放置在外面的话，一辆崭新的自行车就会变成一辆破破烂烂的自行车了。刀和钉子也是一样的。那么，这些东西为什么会生锈呢？

比较一下铁生锈之前和生锈之后的情况

下面，我们来比较一根新买的铁钉和一根生锈的铁钉，找出它们的不同吧。新买的铁钉具有坚硬、闪着银色光芒（金属光泽）、能被磁石吸附等特征。然而，生了锈的铁钉会变红而失去光泽，表面粗糙变形，不能被磁石吸附，完全失去了铁所具有的特征。正是因为生了锈，所以它变成和铁不一样的东西了。

图1　铁制品的锈蚀

红色铁锈的形成原理

让我们来思考一下，在什么样的情况下铁制品表面会生出红色的铁锈呢？一般情况下，生锈的自行车和铁钉等，都是放到了雨水能够淋到的地方或者比较潮湿的地方。让红色的铁锈很容易产生出来的正是水。

放在潮湿的地方的铁制品，它的表面会形成一层我们肉眼看不到的水膜。虽然只有一点点水，但它溶解了来自大气中的二氧化碳、二氧化硫等气体，形成了电解质溶液。在此基础上，铁和空气中的氧气结合在一起，便会生成红色的锈了。所以，把铁放到干燥的地方，通常是不会生锈的。

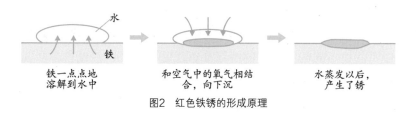

水

铁

铁一点点地   和空气中的氧气相结   水蒸发以后，
溶解到水中   合，向下沉   产生了锈

图2　红色铁锈的形成原理

还有其他颜色的铁锈吗？

将铁好好地打磨一番，放到火焰上灼烧，铁的表面会变成黑色。其实，这也可以认为是一种锈呢。黑色铁锈和红色铁锈不同，它的表面细腻而富有光泽，可以起到保护铁的内部结构的作用。所以，人们经常还会在铁锅上面故意做出一层黑色铁锈呢。可以说，在我们生活中，黑色铁锈是非常有用的呢。

除了铁，还有哪些金属会生锈呢？

会生锈的金属不仅仅是铁。你们见过10日元硬币生出蓝色的锈的样子吗？新的10日元硬币，其材料的主要成分是铜，具有金属光泽。生锈了的10日元硬币，会变成黑色或者绿色。黑色的锈，是铜和氧气结合在一起形成的；绿色的锈，是铜和空气中的氧气、二氧化碳、水结合在一起产生的。铜表面的绿色锈叫作铜绿，在一些古代文物（如青铜雕像之类的）上面经常可以看到呢。

窗子边框的制作材料铝，表面发白，几乎没有光泽，那是因为它的表面已经生锈了。如果将它的表面用锉刀磨一磨的话，它会恢复光泽。但是，过不了多长时间，它又和空气中的氧气结合到一起，重新失去光泽。

青铜雕像被锈蚀

铝窗被锈蚀

图3　其他金属生锈

像刚才我们介绍的铁、铜、铝这些金属，其表面由于氧化而生成了各种颜色的锈。你知道还有哪些金属会生锈吗？它们的锈又是什么颜色呢？如果大家对此感兴趣的话，快快去调查研究一下吧。

有没有不会生锈的金属呢?

几乎绝大多数的金属,在空气中和氧气、二氧化碳、水之类的物质结合以后都会生锈。但是,金和铂例外,它们就不会生锈,总闪着光芒。所以,你终于明白金和铂为什么被人们当作贵重金属来对待了吧。

图4　不生锈的金属

(加藤一义)

钢丝球燃烧之后质量会如何变化？

在日本，刷锅时使用的钢丝球，是由非常细的铁丝卷曲而成的。像这种很细的铁丝或者细小的铁粉，是很容易燃烧的。下面，我们来实验一下，看看钢丝球接近火源燃烧以后，它的质量是会变重，还是变轻。

在用钢丝球做实验前，我们先把蜡烛放到托盘天平的一端，使天平平衡，然后将蜡烛点燃。过了一会儿，我们发现装着蜡烛的天平一端向上翘起了。蜡烛燃烧以后会变得越来越短，越来越轻。那么，钢丝球呢？我们把钢丝球吊起来燃烧试试看吧。

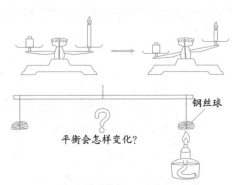

图1　蜡烛和钢丝球的燃烧变化

物质燃烧以后质量会发生变化吗？

在一根大约1 m长的木棒两端，用金属丝分别吊起一个钢丝球。木棒中间用绳子吊起来，让两边保持平衡。一边的钢丝球接触火源以后变得通红，它不会产生向上燃烧的火焰。钢丝球变红了就说明它已经在燃烧了呢。刚才还是银色的钢丝球，烧过之后变成了黑色。木棒向燃烧过的钢丝球一方倾斜。这样，我们就知道，原来燃烧过的钢丝球是会变重的。

蜡烛燃烧以后会变轻，钢丝球燃烧以后却会变重。物质燃烧后，怎么有的会变轻，有的会变重呢？

物质燃烧过后质量为什么会发生变化？

通常来说，物质燃烧的时候需要氧气，没有氧气的话就不能燃烧。为什么没有氧气就不能燃烧呢？那是因为，"燃烧"等同于"要和氧气结合"。钢丝球燃烧时和空气中的氧气结合，形成黑色氧化物，相当于在原有的铁的质量上增加了氧气

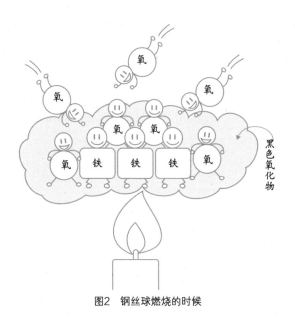

图2　钢丝球燃烧的时候

的质量。所以，它变成黑色氧化物以后，一定比原来的铁要沉啦。

蜡烛燃烧的时候当然也是要和氧气结合在一起的。但是，为什么燃烧后蜡烛就变轻了呢？那是因为，蜡含有大量的碳元素和氢元素。蜡中的碳和氧结合在一起会形成二氧化碳，二氧化碳气体会逃逸到空气中去。而蜡里面的氢和氧结合以后会变成水，形成水蒸气，它也会扩散到空气里。所以，蜡和氧气一结合，形成的物质全部离开了蜡烛，最后蜡烛就变轻了。

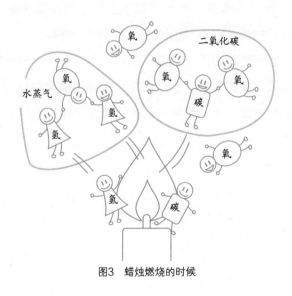

图3　蜡烛燃烧的时候

（相马惠子）

食品袋里的小袋子装着什么？

食品袋里有各种各样的小袋子

我们买回来的袋装零食里面常常放有一个小袋子，这些小袋子都是为了让食品更好吃才放进去的。放小袋子的目的不同，其所装物质的种类也就不同。其中有一种是防止食品变潮的干燥剂，它可以吸附食品袋里的水蒸气。还有一种是防止食品中的油氧化的脱氧剂，它可以防止食品因氧化而味道变差。你们吃的袋装零食里，都有什么样的小袋子啊？要不要去观察一下呢？

防潮的干燥剂

我们咯吱咯吱地嚼着脆饼干时会觉得很香，可是袋子打开一段时间后，里面的东西接触到空气中的水分，口感就会变差。除了饼干，茶啊，海苔啊，鲣鱼片之类的食品，也很害怕受潮。为了让食品袋里的空气保持干燥，于是人们放入了干燥剂。

1．硅胶

一些小袋子里面装着硅胶，它们就像一颗一颗小珠子。硅胶的表面有很多小孔，不仅可以吸收水分，还可以吸附异味。如果仔细观察装硅胶的小袋子，你会发现里面有蓝色或者粉色的东西。硅胶在干燥的状态下是蓝色的，一旦吸收了水分就会变成粉色。所以，我们通过颜色变化就可以知道袋子里面发生的一切了。把吸收了水分的硅胶放到微波炉或者锅里加热后，还可以继续使用呢。

2．生石灰

生石灰一般装在结实的纸袋里面。用结实的纸袋来装，可以防止里面的东西漏出来。生石灰，学名是氧化钙，它不仅可以吸收空气中的水分，还可以吸收二氧化碳呢。日本有很多石灰石，生石灰就是用石灰石制成的。它具有安全、处理时不污染环境等优点。但是，如果直接将生石灰放到水里的话，它会释放大量的热，产生高温，所以使用生石灰一定要小心哟。

3．不用于食品防潮的氯化钙

用在衣柜和房间里的干燥剂中，有一种叫作氯化钙。吸收水分以后，它会变得潮湿。即使这样，它也可以继续吸收水分。家庭除湿的时候，会经常使用到它呢。

能除去氧气的脱氧剂

油和空气中的氧气相遇后结合在一起，味道会变差。所以，装含油食品的袋子里一般会充入氮气或者放一些脱氧剂。

脱氧剂的主要成分是细小的铁粉。如果你们手里有脱氧剂，可以试着用剪刀将袋子剪开来看一看。你可以看到，里面是黑色的粉末。把铁粉露置在空气中1小时左右，它就会生锈变成红色。铁粉很容易和氧气、水蒸气结合在一起，所以食品袋里放入脱氧剂后，铁粉会把食品袋里的氧消耗掉，从而使食品保持好的味道。

图1　干燥剂和脱氧剂

（横须贺　笃）

防止铁生锈的办法

锈是让人头疼的东西

　　新买的自行车明明是闪闪发亮的，但是长期放到室外被雨淋湿之后，不知什么时候它就会生出红色的锈。你们是不是也有过把铁制发夹忘在洗脸池旁边然后生锈了的经历呢？铁表面长出的红色的锈叫作铁锈。如果生了铁锈之后不做任何处理的话，铁锈就会不断增多，然后整块铁就会变得破破烂烂的呢。锈，真是让人头疼的东西啊！有没有不让铁生锈的办法呢？

让铁生锈的凶手是谁？

　　让我们再好好地想一想，铁在哪些情况下最容易生锈。淋过大雨的自行车或者洗脸池旁的铁制发夹，它们所处的环境中湿气都很重，这说明铁遇到空气和水的话是很容易生锈的。而在没有空气也没有水的宇宙中，铁就不会生锈。所以，不让铁与空气、水接触的话，应该是可以防止其生锈的。

防止铁生锈的方法

为了防止铁接触到空气和水，我们可以在铁制品的表面覆盖一层东西。例如，在铁制品的表面涂上油漆，就可以防止其生锈。不过，油漆如果被破坏掉的话，就很容易脱落，一旦里面的铁暴露出来，铁锈就会生成并不断增多。

还有一种方法是，在铁的表面覆盖不易生锈的金属，做一层膜。在众多金属中，有容易生锈的金属和不容易生锈的金属。金，是一种无论接触多少空气和水都不会生锈的金属。经常被用于制作首饰的铂和银，也是不易生锈的金属。用这样的金属在铁的表面做成膜的话，一定可以防止铁生锈。这种方法，叫作镀（dù）。

以锈防锈的不锈钢

我们的身边有各种各样的金属材料，比如卫生间和厨房里的水槽常常使用不锈钢制成。不管接触多少空气和水，不锈钢都不会生锈。这是为什么呢？

不锈钢是一种合金，它含有金属铬（gè）和金属镍（niè）。铬和空气中的氧结合后，会在不锈钢的表面形成结实的薄膜。这层薄膜就起到了保护铁，不让其生锈的作用。镍的作用则是使这层膜变得更加坚固。

话说回来，不锈钢表面的膜是金属铬和氧结合在一起产生的，其实就是铬生锈了。所以，正确的说法应该是，最开始不锈钢的表面已经生了锈，不过这种锈只覆盖在表面，不会渗透到不锈钢中。铁锈最让人头疼的地方，就是它能在铁的内部不断扩散，甚至形成漏洞，让铁变形。像不锈钢这样，在铁的表面形成一层结实的膜，就可以避免铁接触到空气和水，让人头疼的铁锈也就不会产生了。

锈的用处还多着呢

像铬在不锈钢表面形成膜那样，我们可以利用一些容易生锈的金属在铁的表面镀上一层膜来防止铁生锈。在铁的表面镀上锌（xīn），叫作镀锌。锌与空气、水接触之后会马上生锈，但是这层锈是非常结实的，也可以起到保护内部铁的作用。

同样的，铝也是比较容易生锈的金属。铝箔之所以看起来总是闪闪亮亮的，其实是因为它的表面已经氧化形成了一层透明的薄膜，保护了内部的铝。制作眼镜框架所用的金属钛和铝一样，会形成锈覆盖在表面，保护里面的钛。

实际上，把铁烧红热以后，铁的表面也会产生一层黑色的锈的薄膜。如果一开始就给铁制煎锅或者其他类型的铁锅加热生成黑锈的话，后面使用时内部的铁就不会生锈，锅可以用很长时间呢。

（相马惠子）

柠檬和松塔也会变成炭吗？

炭是什么东西呢？

将一双方便筷子折断，包入铝箔纸里，放到火上烤，只见从铝箔纸的缝隙中升起缕缕白烟。等到不冒烟了，打开一看，方便筷子已经变成了炭。如果直接点燃方便筷子的话，它应该会变成白灰。为什么这样烘烤之后，筷子会变成炭呢？炭到底是什么东西呢？

能变成炭的都是有机物

在日常生活和生产中，我们常常会用到木炭、焦炭、活性炭和炭黑等，这些物质的主要成分其实都是碳单质。也就是说，炭主要是由碳元素组成的。

方便筷子的材料是木头，也就是植物。植物，以空气中的二氧化碳和它的根部吸收的水分作为原料，利用太阳光的能量来为自己制造淀粉等营养物质。这些制造出来的营养物质，为植物的生长提供了能量，它们属于有机物。

那么，以植物为食的动物呢？动物，也是靠吃植物创造出来的有机物来维持自己生长的，所以，动物的身体也可以说是由有机物和其他物质组成的。

　　凡是有机物，只要烘烤过后就会炭化。烤肉的时候，如果肉烤得太久，过了火候，你们是不是会发现肉也变成像炭一样的物质了呢？不仅肉和树干的主要成分是有机物，树叶、种子、果实，还有花，它们的主要成分也是有机物，经烘烤之后，它们都会变成像炭一样的物质。所以，柠檬和松塔是可以变成炭的。

创造出有机物的材料

　　下面，让我们来看一下，作为植物创造有机物的基础材料，二氧化碳和水到底是怎样来的吧。

　　我们身边的所有东西，都是由叫作原子的微粒聚集在一起构成的。原子，是肉眼看不到的，它能构成分子。1个二氧化碳分子，是由1个碳原子和2个氧原子构成的。1个水分子呢，它是由2个氢原子和1个氧原子构成的。

　　让我们来看一下图1中的上半部分吧。可以看出，二氧化碳分子和水分子，分别是由碳原子和氧原子、氢原子和氧原子组合成的。也就是说，由二氧化碳和水转化而来的有机物也是由碳、氢、氧这三种原子组合成的。

　　让我们再看一下图1的下半部分。有机物的主要成分是碳元素，很多的碳原子结合形成了有机物的"骨架"，之后氧原子、氢原子等再结合进去就形成了有机物。这样一来，我们就可以理解，由二氧化碳和水作为创造有机物的基础材料，是完全没问题的。

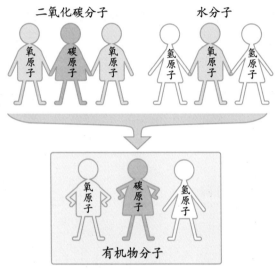

图1　有机物由二氧化碳和水转化而来

有机物燃烧的话

大家应该都知道，蜡烛燃烧以后会产生二氧化碳吧？蜡，也属于有机物。在蜡烛燃烧的时候，蜡的成分和空气中的氧气结合，产生二氧化碳，二氧化碳会离开蜡烛，所以蜡烛会变得越来越短。

那么，有机物经过烘烤以后会变成什么样呢？首先，被烘烤的东西里面的水分，会变成水蒸气而离开。作为有机物组成成分的碳、氧、氢会积聚在一起，形成很多分子，然后再一个接一个地离开。它们之中，首先消失的是氧和氢，最后剩下的就只有碳。这就是我们看到的炭的样子了。炭，其实是有机物中的氧和氢全部离开后，剩下的像空壳一样的东西。

（相马惠子）

扑灭油引起的火灾的方法

不好了！怎么办？

小莉香放学以后回到家中，没有见到妈妈的踪影，心想妈妈一定是在厨房里做晚饭呢，于是她跑进了厨房。啊，不好了！厨房里有一股难闻的怪味，炉子上的油锅冒着浓烟，接着橙色的火焰就蹿了上来。这下该怎么办才好呢？

油引发火灾的条件

首先，让我们来思考一下油在什么条件下会燃烧并引发火灾吧。

（1）有很多可以作为燃料的油。

（2）油在炉子上持续被加热，达到高温。

（3）有新鲜的空气存在（即有很多氧气）。

具备以上三种条件的时候，油就能够燃烧，若火势失控就会引起火灾了。

各种各样的灭火方法，哪一种有效呢？

面对油引发的火灾，你能想到哪些灭火方法呢？让我们结合燃烧的条件，参考一下电视上经常介绍的灭火方法来好好思考一下吧。

A. 把火关掉，把锅移走

B. 将不要的青菜投入锅中

C. 将蛋黄酱连同瓶子一起丢进去

D. 用浸湿的浴巾或者床单将锅覆盖住

E. 给锅盖上盖子

F. 使用灭火器

首先，我们来看方法A。方法A将上面条件1所说的燃料进行了隔离。但是，在火焰从油中蹿起来的状态下采用这种方法，就太危险了。

方法B和方法C，目的是把条件2中提到的温度降下去。可是，由于蔬菜中有水分，蛋黄酱的瓶子中有空气，它们一旦接触油锅会产生爆炸式的迸溅，十分危险，所以千万不要尝试。

方法D和方法E，目的是隔绝条件3中提到的空气。如果真的能够完全隔绝空气的话，这两种方法还是可以灭火的。但是，对于方法D，如果材料面积不够大的话，很容易助长火势，起到相反的效果。而使用方法E，火就算看似被扑灭了，但油温仍然很高的话，一掀开盖子还是会再次起火的。

因为方法A～E都有烫伤或烧伤的风险，且效果不一定能得到保证，所以，请不要尝试。

感觉已经不需要再多说了，大家还是使用方法F来灭火吧。特别是针对油引起的火灾可以起到很好扑灭效果的强化水型灭火器，再合适不过了。

如果着火的话，该怎么办?

首先，要大声呼叫附近的大人，寻求帮助。

然后，拨打119火警电话报警。

如果可能的话，尽量设法关掉炉子，使用灭火器。但是，千万要记住不能勉强为之。如果有大团的火焰蹿起来的话，这是非常危险的，一定要马上离开，躲到安全的地方去。

于是，故事开头的小莉香大声呼喊着："着火啦！着火啦！"正在阳台上晾晒衣服的妈妈慌忙地赶了过来，用灭火器将火扑灭了。没有引起火灾事故真的是万幸呢！

图1　用灭火器扑灭油锅起火

（田崎真理子）

炸药和诺贝尔奖

炸药的发明

说起炸药，大家会想到什么？从一根细长的筒状东西里伸出一根导火线，在导火线的一端点火，很快就会听到"轰"的响声，同时发生爆炸。炸药爆炸的场景，经常会出现在电影和漫画中呢。炸药可以说是人人皆知的非常熟悉的东西。可是，我想应该没有多少人见过真正的炸药吧。下面，让我们来看一下，炸药到底是用什么东西做出来的。

物质燃烧是需要氧气的。像那种有了一定量氧气就可以发生发光、放热的剧烈的氧化反应的普通燃烧，是不会在点火的瞬间发出"轰"的一声爆炸的。但是，如果点火的瞬间可燃物能够产生大量氧气的话，这些氧气就可以促使可燃物更剧烈地燃烧起来，这就和炸弹很相似了。还有，如果同时产生了气体的话，就会形成冲击波，再进一步就可以变成具有破坏力的炸弹了。

一种叫作硝化甘油的液体，可以通过自身发生化学反应，变成氮气、二氧化碳、水和氧气，同时释放出非常巨大的能量。它是非常适合用于制造炸药的一种化学药品。顺便说一下，这种硝化甘油，只需要取一丁点儿加热就会发生爆炸，甚至震荡也会引起爆炸，是非常危险的一种物质。实际上，早在1846年硝化甘油就被制造出来了，可是由于实在太难掌控，所以它并没有得到实际应用。

到了1866年，一位名叫阿尔弗雷德·贝恩哈德·诺贝尔的科学家，偶然将硝化甘油渗透到硅藻土中，发现爆炸力没有发生改变，冲击力很强，还容易被掌握和使用。就这样，炸药被发明出来了。

因炸药而发家致富

炸药在此之后又经过了重重改良，直到现在，一些施工现场、矿山等地方仍然在使用炸药。诺贝尔发明炸药之后，它最初也是被用在工地、矿山上的。直到战争爆发以后，炸药才真正作为武器被人们大量使用。所以，当时炸药的销量特别好，发明它的诺贝尔也因此发家致富，变成了有钱人。

诺贝尔在世界各地创办炸药工厂，经营公司，然后继续发明可以用于战争的新炸药。诺贝尔是为了在战争中杀害更多的人而发明炸药的吗？不，不是的。诺贝尔认为，有了具有巨大破坏力的炸药，人们才会因为恐惧而不在战争中使用它。可是，事实和他想的一点儿也不一样。他发明的炸药，继续被用于产生破坏和杀戮（lù）的战争之中。

诺贝尔奖的诞生

每年10月份，诺贝尔奖的获奖名单都会被公布出来，新闻媒体也会进行报道。你们知道吗？诺贝尔奖，其实是根据炸药的发明者诺贝尔的遗嘱创立的呢。

诺贝尔于63岁去世。他一生没有结婚，拥有巨额财富的他祈愿世界和平和科学进步，因此留下了遗嘱——给上一年中为人类做出杰出贡献的人授奖。根据他的遗嘱，人们设立了诺贝尔奖基金。

诺贝尔奖的第一个获奖者，是发明了X射线的威廉·康拉德·伦琴。伦琴的日语发音，成为日本医疗中使用的"X射线照片"这一日语的单词。X射线已经被广泛应用到医学中，威廉·康拉德·伦琴正是因为这个伟大功绩而获得了诺贝尔奖。

每年的12月10日，人们都会举办诺贝尔奖的授奖仪式。获奖者会被授予奖金、奖章，还有获奖证书。授奖仪式之所以在12月10日举行，是因为那一天是诺贝尔的忌日。

（相马惠子）

铁粉和铁砂的区别

　　拿着磁石靠近采矿场的矿砂，磁石会将其中的铁砂吸附上来。那么，我们是不是可以这样认为，能够被磁石吸附上来的铁砂和铁粉是完全一样的？可是，如果它们是完全一样的话，那为什么采矿场的铁砂暴露在风雨中却不会生出红色的铁锈呢？

让我们对比一下铁粉与铁砂的性质

　　为了分辨铁粉和铁砂到底是不是同一种东西，我们来比较一下它们的性质吧。

　　我们都知道，铁有银白色的金属光泽，具有良好的导电性能，可以被磁石吸附。铁粉呢，通常呈黑色或灰黑色，具有铁的大部分性质。那么，采矿场的铁砂，它的性质又是怎样的呢？

　　我们用放大镜将铁砂的颗粒放大，来仔细地观察一下吧。你会发现，铁砂上面虽然也反着一点儿光，但是颜色是黑色的。让我们再用电池和小灯泡实验一下，看看铁砂可不可以导电。结果，小灯泡没有亮。好像铁粉和铁砂的性质不太一样呢。

试着用铁砂来做暖宝宝

我们把可携带暖宝宝的外包装撕掉之后，它就可以发热了。这是因为，暖宝宝中的铁粉和空气中的氧气结合时会释放出热量。暖宝宝的袋子里，除了装有铁粉，还有水和食盐等可以帮助铁和氧相互结合的物质。我们可以准备一个信封，在信封里放入铁粉和浸过食盐水的纸巾，然后轻轻地摇一摇，你会发现信封里面的东西马上就变热了呢。这样，我们手工制作的可携带暖宝宝就完成了（暖宝宝的温度有时会很高，请务必在大人的陪同下进行这个实验哦）。

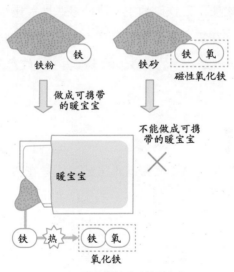

图1　用铁粉或铁砂试做暖宝宝

下面，我们用铁砂代替铁粉来做这个实验，会发生什么呢？我们把铁砂和浸有食盐水的纸巾一起放进信封里，结果不管我们怎么摇晃，信封里的东西都不会发热呢。

铁砂和铁粉，为什么性质会不一样呢？

人工制成的铁粉和从岩石中采集来的铁砂

让我们先来看一看铁粉是怎样做成的吧。将磁铁矿和赤铁矿等铁矿石放到高温的炉子中，通过化学反应除去其中的氧元素，就可以炼成铁了。在炼成的铁中，那些细小的颗粒就是铁粉。铁粉遇到水和氧气，结合在一起会生出红色的铁锈。

而铁砂，是含有磁铁矿的岩石经过风化作用形成的一些细小的颗粒状物质。磁铁矿的主要成分是磁性氧化铁（四氧化三铁），它和铁在氧气中燃烧以后产生的黑锈属于同一物质。所以，已经和氧气结合了的铁砂，就不会再变成红色的铁锈了。

用铁砂来制铁

铁，一般是用铁矿石制造出来的。但是在日本，自古以来便有一种名为"脚踏风箱炼铁"的制铁技术，这种技术是以铁砂作为原料来炼铁的。用这种方法制造出来的铁，品质极好，像日本武士刀就是通过这种方法制造出来的。据说"脚踏风箱炼铁"技术的发祥地，是在日本的出云一带（也就是现在的岛根县）。

采用这种方法炼铁，需要在用黏土做成的炉子里，将木炭和品质好的铁砂交替放入火中，然后往里面传送空气来炼制。据说，要连续三个昼夜不眠不休地操作才能完成铁的炼制呢。

用铁砂来制铁的工艺，因为特别费钱，所以现在基本上不使用了。

（加藤一义）

金的用途

金究竟是一种什么样的金属？

说到金属，大家会联想到什么呢？10日元硬币中含有的铜、铝箔纸中含有的铝、钉子中含有的铁，等等，大家可以想到各种各样的金属呢。在众多金属中，有一种金属非常美丽，闪耀着金色光芒，自古以来一直吸引着人们，它就是金了。像著名的埃及金字塔里的国王面罩、京都金阁寺里的金箔阁楼、金币等，都使用了金。金能吸引人们的关注，不仅仅因为它具有金黄的美丽色泽，还因为它拥有放入水中不会生锈，接触到一般的化学药品不会溶解，历经漫长岁月也不会改变的稳定性质。金，可以被加工成各种漂亮的首饰，它的产量相对较低，属于贵金属。

金具有不可思议的性质

金具有良好的延展性。1 g金可以被拉长变成长达660 m的细细的金线。用机器进行加工，金可以被做成薄薄的金箔。用狸皮、鹿皮或者专门的纸夹起来敲打的话，它甚至可以被做到1/10000 mm那么薄。这样的薄厚程度，光都可以通过了。将金箔朝向明亮的地方进行观察，根据厚度的不同，可以看到绿到蓝等不同颜色。

金是怎样得来的呢？

金在地下高温高压的环境中处于熔融状态。当岩浆上升到地面附近的时候，温度下降，就会产生金的结晶，形成金矿。金是密度很大的金属，如果矿石破碎的话，就会形成沙金，流入河中。如果把河底的细沙用盘子盛装出来筛选一下的话，沙金就可以被分离出来。在自然界中，铁或铜存在的地方都伴随有硫黄等，它们会结合在一起，所以采集到铁或铜的矿石后，一定要进行精炼加工才能得到纯净的铁或铜。可是，金却很难和其他物质结合，所以分离出来的时候它已经是比较纯净的了。

在马可·波罗的《东方见闻录》中，作者把日本称作"黄金的国度"，因为日本存在着可以采集到沙金的河流。感兴趣的人可以挑战一下，试着寻找沙金哦！

金的利用

1．佛像和佛画

在佛像和佛画中，会使用到象征着极乐净土的金。奈良大佛建成的时候，金黄而闪耀。给佛像镀金的时候，通常先把金溶解在水银里涂到佛像上，然后通过加热把水银蒸发掉。这种方法会向周围散播有毒的水银，所以会对环境产生不利影响。

2．使用IC的电子设备

在录像机和电脑等中，会使用到很多IC（集成电路）之类的电子零部件。IC是以用硅材料制作的半导体板为载体做成的，通过很细的金线与外部相连。由于金具有导电性能良好、不生锈、延展性强这三个特点，所以它被做成金线来使用。在回收利用破旧电脑的工厂中，人们会将像金这样的贵金属重新提取出来。

3．焊接

欲使不同的金属工件连接在一起，需要先熔化一种金属然后使它们连接起来，这样的方法叫作焊接。飞机、火箭的引擎和螺旋桨中会使用金镍合金，金镍合金一般被用于高温、震荡激烈的环境下的焊接中。近来，飞机的引擎为了节能已经向大型化方向发展，合金焊接技术对于引擎的组装来说是非常重要的一项技术。

4．金牌

诺贝尔奖的金质奖章，过去使用的是24 K（纯度100%）的纯金。但是，由于纯金奖章有一掉落就弯曲变形、容易产生划痕等缺点，现在已经改为使用18 K（纯度75%）的合金了，仅仅在奖章的表面镀上一层纯金。奖章的重量大约有200 g，直径大约为6.6 cm。奥林匹克运动会颁发的金牌，也是采用在银制品表面镀上金这一技术制作的。

（横须贺　笃）

不可思议的石灰石

石灰石究竟是一种什么样的石头？

有一种白色的石头，将它放入盐酸中就会冒出气泡，这种石头的名字就叫石灰石。虽然日本是一个资源匮（kuì）乏（fá）的国家，但石灰石资源却相当丰富。石灰石的用途很广，比如炼铁厂提炼铁矿石或者水泥厂制造水泥，都要用到石灰石呢。生活中，大家也可以看到石灰石被铺在道路上或者停车场里。还有，由石灰石转化而来的熟石灰可以作为粉刷墙壁的灰浆来使用。下面，我就给大家好好地介绍一下石灰石吧。

石灰石是怎样形成的？

关于石灰石的形成，主要有以下两种观点，它们都和地球的历史有着密切联系。

一种观点是，石灰石是由古代海洋中某些成分发生反应形成的。地球诞生一段时间后，表面产生了很多水蒸气、氯化氢（溶解在水中会变成盐酸的一种气体）、二氧化碳、氨气等气体。水蒸气变成水，形成了大海，大海中溶有氯化氢。含有盐酸的海水，继续溶掉很多海底的石头，酸性海水就逐渐变成了中性。然后，二氧化碳进入中性的海水中，和岩石中的钙相结合，就形成了石灰石的基础。

另一种观点是，利用珊瑚等物质中的钙，一些身体长有外壳的生物就诞生了。这些生物的残骸大量聚积在海底，就形成了石灰石。钙是石灰石的组成元素之一，有了它，牙齿和骨骼才能变结实和健康。牛奶、酸奶和鱼干中都含有许多钙呢。

为什么取石灰石这个名字呢？

"石灰"这个词在日语中有两种发音。其中一种发音的直接意思就是"石头的灰"。木头燃烧以后会变成灰，石头燃烧以后也会变成灰吗？让我们通过实验来观察一下吧。大块的石

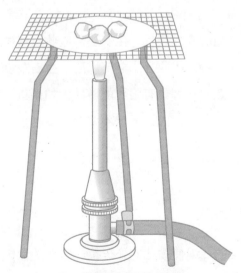

图1　试着用火将石灰石加热

灰石经过加热之后，会破裂成零散的碎块。因为高温加热比较危险，所以我们只取一块玻璃球大小的石灰石就可以了。把石灰石放到金属网上加热，它开始变红，变亮，耀眼起来。（过去，有一种灰光灯，就是利用火焰将石灰石加热来照明的。）

石灰石的碎片，非常明亮耀眼。大概经过10分钟，我们把火关掉，让石灰石冷却。冷却后，石灰石的表面出现了泛白的粉末，这些粉末就是石头的灰（石灰）呢。生产石灰的工厂，一般就是利用以石油等为燃料的设备，将石灰石煅烧成石灰的。

石灰石和熟石灰

石灰石经过煅烧以后，会产生石灰粉。这种粉末的正确叫法是生石灰。这种生石灰，可以用于制造干燥剂，被放于煎饼、海苔之类的食品袋里。生石灰能吸收空气中的水蒸气，可以防止食品受潮。吸收了水蒸气以后，生石灰就变成熟石灰了。生石灰和熟石灰都具有强烈的碱性，如果进入眼睛的话，是非常危险的。所以，大家一定不要把干燥剂里面的东西取出来哟。

生石灰的其他用途

将盒子上的线绳使劲儿向外一拉，里面的盒饭不一会儿就被加热了。这种盒饭里面，就用到了生石灰。线绳是和一个装有水的小袋子连接在一起的，一拉动线绳，小袋子就会破裂，里面的水就浇在了生石灰上，于是就产生了非常高的热量，盒饭也就被加热了。除了加热盒饭，在给酒进行加热的时候也会用到生石灰。还有，在装着紧急状况常备物品的应急包中，石灰石也作为一种应急物品被放进去了呢。

（横须贺　笃）

编写者介绍

左卷健男

本书主编。1949年出生。于日本千叶大学攻读本科学位，于东京学艺大学攻读硕士学位。先后任东京大学教育学部附属初高中教师、京都工艺纤维大学教授、同志社女子大学教授、法政大学生命科学学部环境应用化学系教授等。专业为理科教育、环境教育。著有《有趣的实验：物品制作事典》（共同编著，东京书籍株式会社）、《新科学教科书》（执笔代表，文一综合出版社）等。

铃木腾浩

1961年出生。东京农业大学农学部本科毕业。埼玉县松伏町立松伏第二初级中学教师。专业为理科教育。参与编写了《初中理科课程中的高中入学考试问题》（明治图书）等。

加藤一义

1970年出生。北海道大学研究生毕业。北海道石狩市立樽川初级中学教师。专业为理科教育（初中）。参与编写了《身边就可以学到的生物的结构》（秀和系统）、《玩雪达人书》（IKADA社）、《最新初三理科课程完全指南》（学习研究社）等。

横须贺　笃

1960年出生。埼玉大学教育学部本科毕业。埼玉县公立小学教师。参与编写了《有趣的实验：物品制作事典》（东京书籍株式会社）、《环境调查手册》（东京书籍株式会社）等。

长户　基

1962年出生。兵库教育大学研究生毕业。关西大学初级中学教师。专业为理科教育和教育工学。参与编写了《有趣的化学实验宝典》（东京书籍株式会社）、《再学一次初中理科》（实业出版社）等。

相马惠子

1961年出生。日本大学文理学部化学系本科毕业。弘前大学教育学部附属初级中学教师。专业为化学。参与编写了《初中三年级理科课程完全指南》（学习研究社）、《再学一次初中理科》（实业出版社）等。

常见俊直

就职于京都大学理学研究科社会合作室，*Rika Tan*编辑策划委员。

田崎真理子

1959年出生。御茶水女子大学理学部研究生毕业。面向小学生的实验科学学习班讲师。专业为物理（理科教育）。